コーディング不要で
毎日の仕事が5倍速くなる！

Dify

―――― で作る ――――

生成AIアプリ

完全入門

株式会社ジェネラティブエージェンツ
吉田真吾・清水宏太

日経BP

本書の前提

● 本書は2025年3月現在の情報をもとに、インターネットに接続されているパソコン環境を前提に紙面を制作しています。
● 本書の発行後に「Dify」の操作や画面が変更された場合、本書の掲載内容と手順が異なる可能性があります。

はじめに

▷生成AI時代のはじまり

OpenAI社からChatGPTがリリースされて2年半近くが経ちました。

AIチャットサービスと自然な会話ができるようになり、指示するとかなり複雑な業務タスクまでこなしてくれるように進化しました。こういったAIチャットサービスはかなり早いペースで定着しつつあり、一度経験してしまった人類にとって不可逆な状況になりました。

▷Difyが注目される理由・市場規模の広がり

しかし、ChatGPTに代表される汎用的なAIチャットサービスでは、自由に指示ができる反面、指示内容が明確でないと、期待した以上の品質の出力が得られないことが多く、ハードルが思ったより高いと感じる人が多いこともわかってきました。そこで企業の現場では、できるだけ多くの人が簡単に業務を効率化できるように、特定の目的に特化した生成AIアプリケーションを構築することも増えてきました。ただしこういったアプリは開発者がPython言語を使ったプログラムとして書かなければいけないことが多いため、ITエンジニアでない人からすると敷居が高いことも課題でした。

AIチャットサービスだけでは簡単に特定の業務フローはこなせないが、アプリ開発者のようにPythonのコーディングはできない。そんな人が自分で自由に業務フローをデザインしてAIアシスタントアプリを作ることができるのが、この本で取り上げる「Dify」というツールです。

▷Difyの代表的なユースケース

Difyを使うと、ChatGPTだけではできない複雑な業務フローをチャットボット化したり、ワークフローとして作成できます。

一度Difyに触れれば、できることの豊富さに驚かされるでしょう。今までITエンジニアに頼まないと作れなかったAIアシスタントの多くがプログラミングなしで実現できるようになったからです。

• 社内ドキュメントやナレッジに対する質問に答えるチャットボット

- ドキュメントをOCRで読み取って文章化してくれるチャットボット
- インターネット上の知識を検索してレポートを作成してくれるワークフロー
- 音声を使って対話してくれるアシスタント

　本書では、Difyエキスパートが厳選したDifyアプリを例にして、その作り方をていねいに解説することで、やりたいことがすぐに実現でき、自分用にカスタマイズするテクニックを手に入れて、明日から仕事に役立つDifyアプリを自分自身で作成することができるようになります。

2025年3月　吉田真吾、清水宏太

この書籍で学べること

▷対象読者

本書は対象読者として次のような方を想定しています。

- 大規模言語モデル（LLM）を活用したシステムを作ってみたいが、プログラミングは苦手、あるいはやったことがない人
- Difyの活用を推進して社内の業務効率を改善したいと考えている人
- Difyでできることのバリエーションを知りたい人

▷前提知識・前提条件

- 大規模言語モデル（LLM）に対して、自分が実現したいことを説明できる能力

▷本書の構成

- 1章と2章ではDifyを使うための基礎を解説します。
- 3章から5章までは厳選されたDifyアプリの作成方法を解説します。
- 6章ではDifyの「ナレッジ」を利用したRAGの活用方法について解説します。
- 7章ではプラグインを活用してSlackから利用するアプリの作り方を解説します。
- 8章では、Difyの環境を運用するエンジニアにとって役立つ情報を解説します。

目 次

はじめに	003
この書籍で学べること	005
目次	006

第1章 >>> Difyの基本
011

1-1	Difyの特徴を知ろう	012
1-2	Difyでできること	015
1-3	Difyの主な機能	017
1-4	RAGを簡単に実現する「ナレッジ」	022

第2章 >>> Difyの基礎設定
025

2-1	Difyのアカウントを登録しよう	026
2-2	モデルプロバイダーを設定しよう	030

第 **3** 章 >>> 日々の営業効率を アップするアプリ
041

3-1	メール作成アプリを作ろう	042
3-2	電話のトークスクリプト作成アプリを作ろう	054
3-3	音声で話せる電話トレーニングアプリを作ろう	062

第 **4** 章 >>> 名刺や見積書などの ファイルを処理するアプリ
073

4-1	名刺の読み取りアプリを作ろう	074
4-2	領収書を表形式で読み取るアプリを作ろう	087
4-3	見積書を更新してくれるアプリを作ろう	098
4-4	会議の議事録をまとめてくれるアプリを作ろう	106

第 **5** 章 >>> 複数処理に分岐して 稟議をレビューするアプリ 117

5-1 稟議申請をレビューするアプリを作ろう ………… 118

5-2 内容を判断して分岐する機能を追加しよう ………… 125

5-3 レビュー後に相談を続けられる機能を追加しよう … 138

第 **6** 章 >>> RAGで自社情報を使った 社内用のナビアプリ 151

6-1 社内規定を質問できるナビアプリを作ろう ………… 152

6-2 より検索精度を高める親子ナレッジを活用しよう … 163

第 7 章 >>> プラグインを活用してSlackから RAGを利用するアプリ 175

| 7-1 | Slack bot プラグインをインストールしよう | 176 |
| 7-2 | Slack bot プラグインを設定しよう | 179 |

第 8 章 >>> Difyのセキュリティを 理解して安全に使う 197

8-1	アプリの公開状態を管理しよう	198
8-1	Difyのセキュリティとコンプライアンス	200
8-2	Difyのデプロイメントモデルの違い	208

サンプルのダウンロード方法 217

索引 220

著者プロフィール 223

第1章

Difyの基本

>>> 1-1

Difyの特徴を知ろう

Difyは、大規模言語モデル（LLM）を活用したアプリケーションを、プログラミングのスキルがなくても簡単に作成できるツールです。

ノーコードで高品質な生成AIアプリが作れる

　Dify（ディファイ）は、ChatGPTなどの各種モデルを利用して、複数ステップで処理するような複雑なアプリをノーコードで簡単に作れるツールです。Difyは「Do It For You」の頭文字を取って名付けられたもので、プログラミングの知識がなくても、ビジネスニーズに合わせた高度な生成AIアプリを自分自身で作成できます。

Tips >>> ノーコード・ローコードとは

　その名のとおりノーコードは「コーディングいらず」、ローコードは「わずかなコーディングだけ」という意味を表します。専門的なコードを書かなくてもよいことが大きなメリットで、一般的なビジネス職の方でも扱いやすいサービスやツールが増えています。

Difyの主な特徴

▷直感的なインターフェース

Difyは、ドラッグ&ドロップで処理を足したり、矢印をつないで処理方法をカスタマイズできる視覚的なインターフェースが特徴です。これにより、テキスト生成、対話システム、データ分析などの機能を搭載したAIアプリを簡単に作成できます。

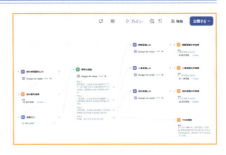

▷カスタマイズ可能なテンプレート

Difyではあらかじめさまざまな用途に適したサンプルが用意されており、それらをベースに自分のやりたいことに合わせてカスタマイズすることで、本当に仕事に役立つAIアプリケーションが素早く作成できます。

▷複数のLLMの統合

Difyでは、OpenAIのChatGPTやAnthropicのClaude、GoogleのGeminiなど、複数の大規模言語モデルを簡単に組み込んで利用することができます。各モデルのAPIの仕様を理解せずとも、直感的にモデルを選択したり交換したりして最適なモデルを利用できます。

▷社内ドキュメントの活用

Difyでは手元のドキュメントをアップロードしたり、外部のデータソースと連携したりすることも可能です。関連ドキュメントはアプリからすぐに検索して取り出せるので、独自のデータをもとにチャットの回答や分析結果を出力するようなAIアプリを作成することができます。

DifyとChatGPTの違い

　2022年11月にChatGPTがリリースされ、自然な会話のやりとりができる能力によって、瞬く間に一般の方に利用が広がりました。登場から1年経った2023年11月に週間アクティブユーザー数は1億人を突破し、さらにその約1年後である2024年10月には週間アクティブユーザー数が2.5億人を突破したとOpenAIが発表しています。

　ChatGPTが急激にアクティブユーザーを伸ばしている理由のひとつが、人間と汎用的なチャットを通じて会話をしたり指示したりできる上、その回答・出力が圧倒的に自然であることです。

OpenAIのChatGPTは、まるで人間のように自然な会話ができることで大きな話題になりました。

　それに比べてDifyは、ChatGPTにおける「モデル」と呼ばれる頭脳（GPT-4o、o1など）とさまざまなパーツを組み合わせることで、一問一答形式のチャットボットのような指示だけでなく、もっと複雑な「AだったらBを検索して、Cの観点を踏まえながらDの出力をする」のような複数ステップの指示を構築して実行できます。

　ChatGPTが提供するGPT-4oやo1といったモデルをDifyアプリに組み込むことで、複雑な目標に向かって動作するAIアプリや、毎回決まった手順を実行できるAIアプリを作成できます。Difyを使えば、ChatGPTのようなシンプルなチャット形式のAIアプリだけでなく、少しカスタマイズすることで何かの用途のために特化したAIアプリを作ることも可能です。

>>> 1-2
Difyでできること

具体的にDifyはどのような用途で使えるのでしょうか？ ポイントとなるのは「自動化」です。例を挙げながらご紹介します。

Difyが向いている用途

▶日常の業務を自動化したい場合

　業務プロセスや定型的なタスク（顧客対応、社内情報の問い合わせ対応など）を自動化したい場合、ChatGPTでは実現できない一連のワークフローが自動化されたAIアプリの作成が可能です。本書では特にこの用途を深掘りしていきます。

例）カスタマーサポートの自動化／メール本文のドラフト作成　など

▶定期的なレポートや分析が求められる場合

　Difyは、作成したアプリをAPIとして公開できるため、同一アプリを定期的に実行することで、特定のテーマに沿ったレポートや分析を自動的にくり返し生成することができます。

例）顧客満足度レポートやチャットボットの利用レポートの自動作成　など

▷**手軽にAIシステムのプロトタイプを作成したい場合**

　エンジニアが少ないチームやコーディングが苦手な人でも、Difyを使えば直感的なインターフェースで新たなAIアプリをスピーディーに作成できます。

例）議事録を要約するシステム／回答を自動で翻訳するチャットシステム　など

▷**LLMと外部APIを連携したい場合**

　Difyを使えば、モデルと会話するだけのチャット形式のAIアプリだけでなく、社内情報の問い合わせ対応やアンケート集計レポートの自動生成といった、何かの用途に特化したAIアプリを作ることも可能です。

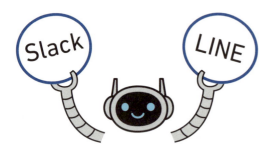

例）好みに合った旅行を提案してホテル予約までしてくれるアシスタント　など

▷**A/BテストやAIの最適化が必要な場合**

　Difyで作ったAIアプリでは、利用するLLMのモデルやそのバージョンを簡単に入れ替えることができるので、最も自分たちに合った、より効果的なモデルを素早く評価・選定できます。

例）キャンペーンの応対で最もコンバージョン率が高いモデルの選定　など

>>> **1-3**

Difyの主な機能

Difyで作れるアプリには、チャットボットやワークフローなどいくつかの種類が
あります。それぞれの特徴を簡単に解説します。

Difyで作れるアプリのタイプ

それぞれのタイプの特徴をまとめたのが以下の表です。最もDifyらしい使い方がで
きるのが「チャットボット」と「チャットフロー」の2つで、本書でもこの2つを中心
に紹介していきます。

	チャットボット	テキストジェネレーター	エージェント	チャットフロー	ワークフロー
会話メモリ	○	×	○	○	×
オーケストレーションタイプ	チャットボット	チャットボット	チャットボット	ワークフロー	ワークフロー
外部ツール連携	×	×	○	○	○
ファイル添付	画像のみ	画像のみ	画像のみ	◎	◎
チャット音声入出力	○	×	○	○	×
ツール化	×	×	×	×	◎

Tips >>> まずはチャットボットから始めよう

Difyでは、チャットボットとチャットフローをよく利用し
ます。慣れてきた後は多くのアプリをチャットフローで作る
ことになりますが、最初はチャットボットから始めるのがお
すすめです。複雑なステップを踏むアプリは作れませんが、
そのぶんシンプルでDifyを学ぶ最初のタイプとしてはぴった
りです。

チャットボット

「チャットボット」は主に1つのプロンプトで済むようなシンプルな用途に使用します。設定したプロンプトに従って、入力した文章に回答をしてくれます。これはOpenAIが提供しているChatGPTのGPTsという機能にも似ています。チャットボットとして作り始めたアプリは、より高度な「チャットフロー」に途中から切り替えることもできます。

本書では、第3章でチャットボットを利用したシンプルな営業支援アプリを作っていきます。

チャットボットが向いている用途

- 初心者の練習用アプリ
- 1つのプロンプトで済むもの
- 文章生成など単発の処理
- シンプルなFAQ

チャットフロー

「チャットフロー」はDifyのメインともいえる機能です。チャットボットよりも複雑な多段階のプロセスを、ほぼノーコードで実装できます。画像ファイルを読み込んだり、追加情報を要求したりといった処理も可能で、例えば会話で分岐するカスタマーサポートのようなチャットも実現可能です。

本書では、第4章以降でファイルの読み込みや処理が分岐するようなアプリをチャットフローを利用して作っていきます。

チャットフローが向いている用途

- 複数ステップの処理がある本格的なアプリ
- 画像や書類などのファイルを扱うもの
- IF/ELSEや質問分類器を使って処理が分岐するもの
- ナレッジを活用したFAQ（RAG）

テキストジェネレーター

「テキストジェネレーター」はチャットボットとは違い、「テキストの生成」という単発の処理を行うことに特化しています。

チャット形式の自由入力ではなく、自分で入力項目（変数）を設定し、決められた出力を行う用途で活用します。メールの文章やレポートなど「○○を自動で作ってほしい」という場合はテキストジェネレーターを選びます。

エージェント

「エージェント」は、Difyに組み込まれているさまざまな外部ツールを利用することができます。GoogleSearchやDuckDuckGOなどの検索ツールや画像生成AI、外部チャットツールへの出力など、複数のサービスをまたいだ複雑な処理も可能です。

最近よく聞く、目標達成に向けて自律的に行動することを意味する「AIエージェント」とは異なります。エージェントAIアプリを作りたい場合は、基本的に「チャットフロー」を使いましょう。

ワークフロー

「ワークフロー」はチャットフローと同じく複雑な処理が可能です。違いは、会話形式ではなく単発の処理を行うことです。ワークフローは単体でも動作しますが、ほかのアプリからワークフローを呼び出すこともできます。

例えば「検索」のワークフローを作成してほかのアプリからそれを呼び出せば、アプリに検索機能を簡単に追加できます。

Tips >>> チャットフローとワークフローの違い

最初に説明したとおり、基本的にはDifyに慣れてきたら「チャットフロー」を利用してアプリを作れば問題はありません。ワークフローは、チャットフローと比べると会話メモリを保存していないといった使いづらさがあります。

ただし、ワークフローで作成したアプリはそれ自体をツール化して別のアプリから呼び出せるという性質があります。Difyでのアプリ作成に慣れてきたら、よく使う機能をワークフロー化しておくと効率化できますが、本書では詳しくは触れません。

>>> 1-4 RAGを簡単に実現する「ナレッジ」

ナレッジは外部データをDifyに取り込む機能で、いわゆる「RAG（Retrieval-Augmented Generation）」と呼ばれるLLMの学習外のデータを活用した回答が可能になります。

　GPT-4oやGemini 2.0などのLLMモデルは、事前に学習した大量の知識をもとに回答や処理を行ってくれます。しかし、学習したタイミングよりも後の最新情報や、一般公開されていない社内情報などは知識として持っておらず、回答できません。それを解決する方法として注目されているのが「RAG（Retrieval-Augmented Generation：検索拡張生成）」です。RAGを利用すると、プロンプトが参考にする情報を指示することができます。

　Difyでは「ナレッジ」という機能でRAGを利用できます。参考にさせたいテキストファイルやPDFをアップロードするだけで、プログラミングの知識がなくても独自の情報を参照したAIアプリを作れます。もとになる情報に更新があった際も、ナレッジを更新すれば個別のアプリのプロンプトを書き直す必要がありませんので、メンテナンスの面でも優れています。

　ナレッジについては、第6章で扱います。

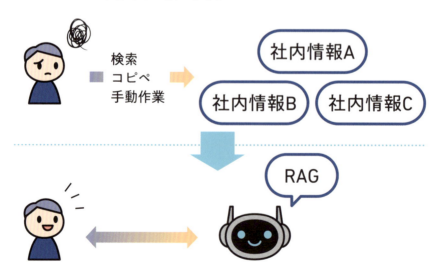

ナレッジの登録方法は次の3つがあります。

▷ファイルのインポート

名前のとおり、メモ帳などで作られたテキストファイルから、ExcelやPDFなどをアップロードしてナレッジデータベースを作成する方法です。

注意点としては、PDFやPowerPointなど資料に含まれるテキスト以外の画像データはナレッジデータベースに登録されません。

企業の決算情報などを取り込みたいときは、数字やグラフが画像で入っている決算説明資料ではなく、決算短信などテキストで説明している資料をアップロードすることをおすすめします。

▷Notionからの同期

個人や会社のNotionと同期してそこからナレッジを作成することが可能です。

社内wikiなどをNotionで管理している場合は非常に有効な登録方法となります。

利用するにはNotion側とDify側両方とも認証設定が必要となります。

本書ではNotion連携に関しては扱いません。

▷**Webからの同期**

　特定のURLからWebページの内容をクローリングして情報を抽出し、ナレッジへ登録することができます。

　これを利用するには、FirecrawlまたはJina ReaderといったアプリのAPIキーを設定する必要があります。

　Webページの構成上、必要なテキストが取得できなかったり、不要なデータを頻繁に取得してしまったりすることもあります。

第 **2** 章

Difyの基礎設定

>>> 2-1
Difyのアカウントを登録しよう

Difyを使用するにあたって、初期設定が必要となります。この章ではDifyへのアカウント登録や、本書で主に利用するOpenAIのAPIキーの取得およびDifyへのAPIキーの登録の方法、DSLファイルのインポート・エクスポートの手順を解説します。

Difyのアカウント登録方法

　Difyを使い始めるために、まずはDifyのアカウント登録を行います。アカウントを登録するには、GitHubまたはGoogleアカウントを利用して登録する方法と、メールアドレスで登録する方法の2種類があります。

ブラウザーで以下のURLを表示します。
https://cloud.dify.ai/

Googleアカウントでの登録

　Googleアカウントがあれば、簡単にDifyのアカウント登録ができます。

「Googleで続行」をクリックします。

そのブラウザーでログインしているGoogleアカウントの一覧が表示されますので、Difyのログインに利用するアカウントを選択します。

認証画面が表示されたら「次へ」を選択します。「LangGenuis」は、Difyを提供している会社の名前です。

まっさらなホーム画面が表示されたら、Difyのアカウント登録が完了です。GitHubアカウントを利用する際も手順は同様です。

メールアドレスでの登録

メールアドレスでアカウントを登録する方法を説明します。

ログイン画面でメールアドレスを入力して「コードで続行」をクリックします。

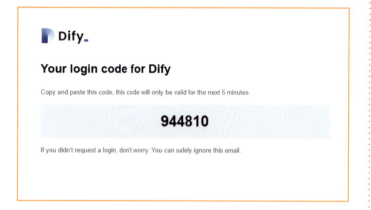

入力したメールアドレスにコードが記載されたメールが送られてきます。

コードを入力してDifyへログインします。
Difyには、パスワードの登録などはありません。メールアドレスでログインする場合は、毎回この方法でログインすることになります。

Difyのホーム画面

　Difyにログインすると、ホーム画面が表示されます。まだ何もアプリがないのでまっさらですが、アプリを作成するとこのホーム画面に追加されていきます。

　画面の上部には「スタジオ」や「ナレッジ」など、Difyのメインメニューが並んでいます。右上のアカウント名をクリックすると、アカウントやプラン情報などの設定が可能です。左上のDifyのロゴをクリックすると、いつでもこのホーム画面に戻ってこれます。

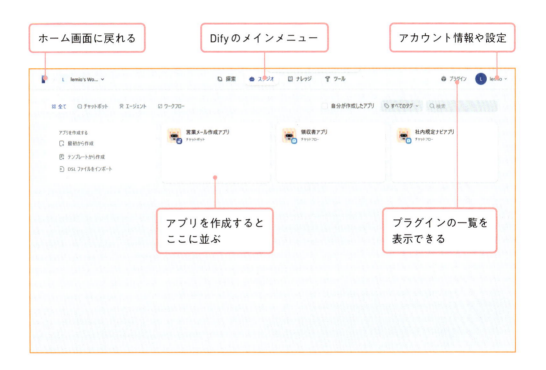

▶Difyのメインメニュー

メニュー	内容
探索	テンプレートから選択してアプリを作成できます。
スタジオ	アプリを作成・編集します。主に使うメニューです。
ナレッジ	RAGで独自の情報を利用できます。第6章で詳しく扱います。
ツール	外部のさまざまなツールと連携するメニューです。

>>> 2-2 モデルプロバイダーを設定しよう

DifyでChatGPTなどのLLMを利用するには、モデルプロバイダーの設定が必要です。最初だけ少し大変かもしれませんが、手順のとおりに進めれば大丈夫です。

1 >>> モデルプロバイダーを選択する

　DifyはChatGPTとは違い、Dify自身がLLMのモデルを持っているわけではありません。そこで、Difyアプリで作成するAIアプリでは、OpenAIなどが提供するAPI（ほかのソフトウェアやサービスと機能やデータをやりとりする仕組み）を通じて、ChatGPTなどのLLMを使うことになります。

　Difyのアカウント登録をすると、最初にOpenAIのクレジットが無料で200クレジット配布されます。ただし、このクレジットはすぐになくなってしまうので、Difyで長期的にLLMを使用可能にするには、モデルプロバイダーのAPIキーを取得して、Difyに設定する必要があります。APIキーは利用したぶんだけ料金がかかりますが、一度の処理でかかる金額は0.1円程度ですので安心してください。

Difyの画面右上のアカウント名から「設定」を選択します。

「モデルプロバイダー」タブを選択すると、利用可能な LLM や Web サービスの一覧が表示されます。本書では、一番メジャーな OpenAI の API キー取得して設定を行います。

「OpenAI」の「Install」をクリックします。

OpenAI の「セットアップ」を選択すると、API キーの入力画面が表示されます。

下部にある「Get your API Key from OpenAI」をクリックして OpenAI の Platform を開きましょう。

2 >>> OpenAIのAPIの設定画面を表示する

　APIキーの取得は、初めてだと少し難しく感じるかもしれませんが、ここさえ最初に設定すれば、あとは楽しいDifyの世界が待っています。

この画面からOpenAI（ChatGPT）へログインしてください。OpenAIのアカウントをお持ちでない場合は「Sign up」からアカウントを登録してください。

3 >>> 電話番号の認証を行う

　OpenAIにログインすると、APIキーの設定画面が表示されます。緑のラインの「Verify your phone number to create an API key」という表記がある場合は、電話番号の認証が完了していない状態ですので、電話番号の認証を行いましょう。すでに認証が完了している場合は飛ばしてください。

「Start verification」を選択します。

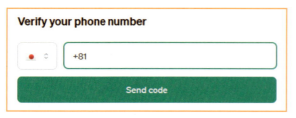

電話番号を入力して認証を行います。

4 ≫ APIキーを発行する

　APIキーは、なくさないようにコピーして安全に保管しましょう。APIキーがあれば、DifyからOpenAIの機能が利用できるようになります。APIキーはクレジットカードの番号のようなものと捉えて、ほかの人には知られないようにしましょう。

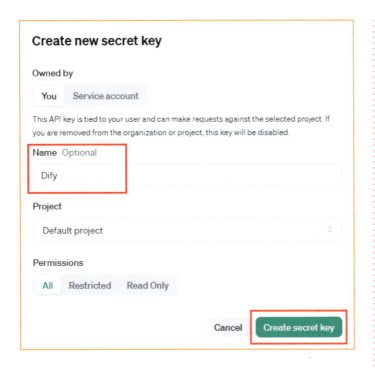

電話番号の認証が完了したら右上の「+ Create new secret key」を選択してAPIキーを発行しましょう。
ここではほかのAPIキーとの識別用にNameを「Dify」と入力して「Create secret key」を選択します。

APIキーが作成されると不規則な文字の羅列が発行されます。
APIキーは一度しか表示されません。誤ってAPIキーの画面を閉じてしまった場合は、APIキーを削除して再度発行し直しましょう。

5 >>> 支払い情報を登録する

　APIキーは発行できても、このままでは金額がチャージされておらずOpenAIの機能を使用できません。OpenAIに支払い情報を登録しましょう。

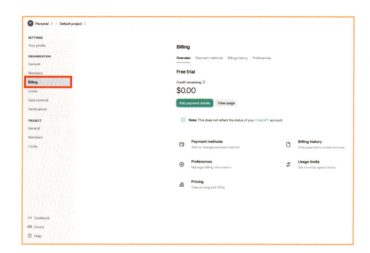

右上の歯車マークを選択すると設定画面が表示されますので、左の一覧メニューから「Billing」タブを選択します。

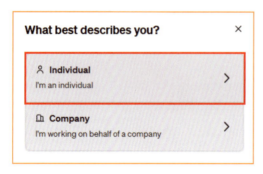

中央付近にある「Add payment details」を選択すると「Individual（個人利用）」か「Company（会社での利用）」かの確認を求められます。今回は「Individual（個人利用）」を選択します。

Tips >>> ChatGPTの有料プランとは別なので注意

　ここで登録する支払い情報はChatGPT Plusなどの有料プランとは別のものです。ChatGPTでどのプランを契約しているかにかかわらず、APIキーを使用する場合は必ず支払い情報の登録が必要となります。

続いてクレジットカードの支払情報入力画面が表示されますので、項目を埋めて「Continue」をクリックします。

6 >>> 金額をチャージする

　支払い情報を登録したら、OpenAIに金額をチャージしていきます。この書籍で使う分だけチャージされていればよいので、5ドルほど入金すれば十分でしょう。5ドルは入金できる下限の金額です。

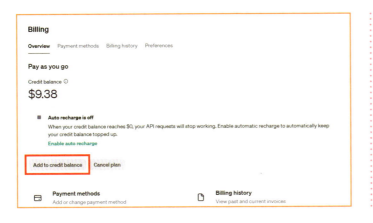

「Billing」の画面で「Add to credit balance」を選択します。

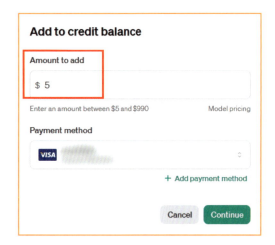

金額入力画面が表示されたら「Amount to add」に金額を入力して「Continue」をクリックすれば決済完了です。

これでAPIキーが利用可能になりましたので、Difyのモデルプロバイダー設定に戻ります。
先ほど控えたAPIキーを入力して「保存」を選択します。

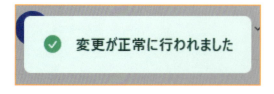

正常に動作すれば画面右上に「変更が正常に行われました」と表示されます。

　完了のメッセージが表示されない場合はAPIキーが間違っているか、OpenAI側で金額がチャージされていないといった要因が考えられます。OpenAIの設定を確認してから再度実行してみてください。
　これでモデルプロバイダーの設定は完了です。

7 >>> システムモデル設定を行う

　OpenAIのAPIキーを設定できたら「システムモデル設定」を行いましょう。システムモデル設定では、Difyでアプリやノードを作成した際に、デフォルトで選択されるLLMモデルを選択できます。ここでは、OpenAIのモデルの中でも性能や速度、価格面でバランスが良い「chatgpt-4o-latest」を標準のモデルとして選択します。

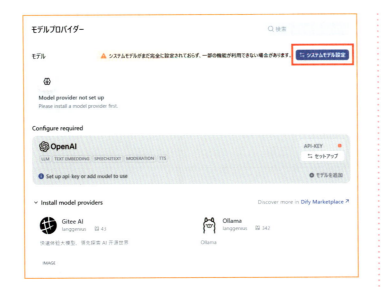

「システムモデル設定」をクリックします。

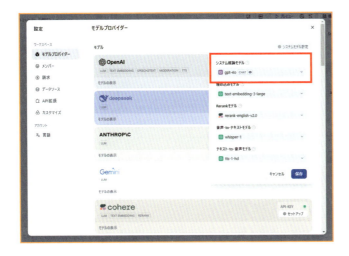

「システム推論モデル」のプルダウンをクリックします。

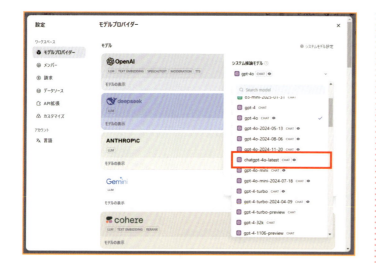

「chatgpt-4o-latest」を選択します。

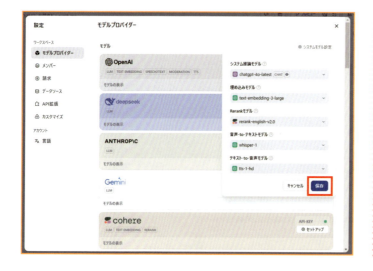

目的のモデルを選択できたら「保存」をクリックします。

　これで毎回選択しなくても「chatgpt-4o-latest」がデフォルトで選択されるようになりました。システムモデル設定で選択した以外のモデルを使いたいときは、個別にモデルを選択し直します。

　本書ではOpenAIのLLMを使ってアプリを作っていきますが、GoogleのGeminiなどのAPIキーを設定すれば「ChatGPTで処理した結果を次にGeminiで処理する」といった複数モデルをまたいだアプリも作成できます。

Tips >>> モデルごとのトークン・価格の目安は?

　以下は2025年3月時点の情報をまとめた表です。LLMのモデルごとに価格が変わり、基本的には新しいモデルほど性能が高くなります。本書では主に「GPT-4o-latest」を利用しています。「latest」は最も新しいモデルであることを表し、性能と速度、価格のバランスが良いことが特徴です。

企業	モデル	性能	生成速度	入力トークン数	リリース日	入力トークン料金※	出力トークン料金※
OpenAI	GPT-4o	中	早	128,000	2024年5月13日	$2.50	$10.00
	GPT-4o mini	低	最速	128,000	2024年7月18日	$0.15	$0.60
	o1	高	遅	200,000	2024年12月5日	$15.00	$60.00
	o3-mini	最高	中	200,000	2025年1月31日	$1.10	$4.40
	GPT-4.5	高	遅	128,000	2025年2月28日	$75.00	$150.00
Google	gemini-2.0-flash	中	最速	1,000,000	2025年2月5日	$0.10	$0.40
Anthropic	Claude 3.5 Sonnet	高	早	200,000	2024年6月20日	$3.00	$15.00
	Claude 3.7 Sonnet	最高	中	128,000	2025年2月25日	$3.00	$15.00
DeepSeek	DeepSeek R1	最高	中	128,000	2025年1月20日	$0.55	$2.19

※1M_token あたりの金額

第 **3** 章

⌄⌄⌄

日々の営業効率を
アップするアプリ

>>> 3-1
メール作成アプリを作ろう

営業や企画など業種にかかわらず、メールや電話といったコミュニケーションは欠かせません。まずは営業シーンを想定して、顧客へのコンタクトメールを自動生成するアプリを作ってみましょう。実際に手を動かして、Difyの簡単さと面白さを体感してみてください。

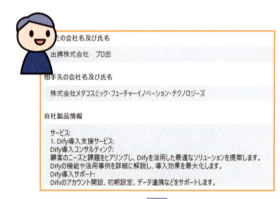

相手企業の名前や特徴を簡単に入力します。

入力した内容を考慮して、魅力的なメール文面を生成してくれます。

042

1 >>> アプリの作成を始める

　まずはシンプルなアプリを作るため「チャットボット」を選択します。アプリの名前と説明を入力して「作成する」をクリックします。アプリの説明は「どんなアプリか」を自分向けにメモしておくためのもので、アプリの利用時には表示されません。必須ではないので空欄でも構いません。

Difyのホーム画面から「最初から作成」をクリックします。

アプリのタイプは「チャットボット」を選択します。
アプリの名前に「営業メール作成アプリ」と入力して「作成する」をクリックします。

Tips >>> 「テンプレートから作成」はどう使う?

　「テンプレートから作成」からは多くのテンプレートを参照できますが、最初はあまりおすすめしません。英語で作られているテンプレートも多く、更新されていないものも含まれているからです。まずはテンプレートを使わず自分でシンプルなアプリを作ってみましょう。
　一方でテンプレートは作り込まれているものも多いので、アプリ作成に慣れてきたら、プロンプトの書き方の参考にしてみるのはいいでしょう。

2 >>> アプリの編集画面を確認する

　アプリを作成すると、アプリの編集画面が表示されます。左半分が設定を行う画面で、右半分が実際に動かしてテストするプレビュー画面です。設定画面の上部にある「手順」には、プロンプトを入力します。

　ほか、左上にあるアイコンをクリックすると、先ほど設定したアプリの名前や説明といった情報を編集できます。右上の「公開する」からは、アプリの保存や公開が可能です。

3 >>> プロンプトを入力する

　アプリの作成を始めると、どんな文章を作成するかを指示するプロンプトを設定する画面が表示されます。プロンプト入力欄に以下の内容のプロンプトを入力しましょう。
　ここでのポイントは「{{YOUR_NAME}}」といった変数が含まれていることです。この変数の1つひとつが、メールを作成するときの入力項目になります。

以下のプロンプトを入力します。

➡ サンプルダウンロード >>> P.217

入力するプロンプト

\# 役割
あなたは、自社の製品を紹介し、ビジネスチャンスを開始するためのセールスメールを作成する任務を負っています。

\# 命令
メールは、プロフェッショナルで魅力的であり、受信者に合わせて調整されている必要があります。

以下のガイドラインに従ってください：
1. メールを簡潔かつ要点を押さえたものにする
2. 丁寧でプロフェッショナルな口調を使用する
3. 製品が相手先企業のニーズにクリティカルヒットする提案を盛り込む
4. 明確な行動喚起（call to action）で締めくくる
5. 件名をメールボックスに埋もれないで魅力的で開きたくなるような件名にする

以下の入力変数を使用してメールをパーソナライズしてください：

あなたの会社名及び氏名
{{YOUR_NAME}}

> {{ }} で囲まれた変数が
> 入力項目になる

相手先の会社名及び氏名
{{RECIPIENT_NAME}}

自社商品情報
{{PRODUCT_INFO}}

相手先企業情報
{{RECIPIENT_INFO}}

メールの構成

> メールの構成

メールの内容を以下のように作成してください：
1. 受信者の名前を使用して丁寧な挨拶で始める
2. 自身と自社を簡潔に紹介する
3. 受信者または彼らの会社に関する重要な点に言及する（recipient_info が提供されている場合）
4. 製品を紹介し、相手先企業のニーズに答えるべく、絶対に導入したくなるような魅力的な提案をする
5. あなたの製品が受信者の潜在的なニーズや問題にどのように対応できるかを説明する
6. 明確な行動喚起を含める（例：通話のスケジュール設定、デモのリクエストなど）
7. 丁寧でプロフェッショナルな締めくくりで終える

メールの下書き後、以下の点を確認してください：
1. すべてのパーソナライズされた情報が正しく挿入されている
2. 口調がプロフェッショナルで魅力的である
3. 製品の利点が明確に伝えられている
4. 文法やスペルの誤りがない

ではメールを作成してください。

4 >>> 変数を設定する

プロンプト内に「{{ }}」で囲った変数が含まれていると、変数追加のポップアップが表示されます。「追加」をクリックして、それぞれの変数を設定します。

「追加」をクリックします。

追加された変数の編集マークをクリックします。

変数は「変数名」と「ラベル名」の2つがありますので、変数名はそのままで、ラベル名を下記の表のように入力します。

ここでは、アプリにどのような入力項目を用意するかを設定します。例えば会社名など1行で収まる項目は「短文」、製品の特徴など複数行にわたる可能性がある項目は「段落」を選びましょう。あらかじめ用意したリストからプルダウンで選択できる「選択」や「数値」を選択することもできます。

フィールドタイプを選択し、ラベル名を下記の表のとおり入力します。ここで入力したラベル名が、アプリ利用時の項目名になります。

「最大長」はデフォルトの「48」だと短いので、削除して空にします。

設定し終わったら「保存」をクリックします。

変数名	ラベル名	フィールドタイプ
YOUR_NAME	あなたの会社名および名前	短文
RECIPIENT_NAME	相手先の会社名および名前	短文
PRODUCT_INFO	自社商品情報	段落
RECIPIENT_INFO	相手先企業情報	段落

　相手先企業情報は、メールを送る時点では持ち合わせていない場合を考慮してオプション扱いとするため「必須」のチェックをオフにしておきます。

「必須」をオフにすると、未入力でもアプリが動作するようになります。

5 >>> アプリを保存する

　最後に「公開する」から「更新」をクリックすると、設定した内容が保存されてアプリが利用可能になります。

　「更新」を押さずにホーム画面やAPIアクセスタブなど別画面に遷移すると、データが保存されずやり直しになってしまうので注意してください。

　これでメールの作成アプリは完成です。次に実際に動かしてみましょう。

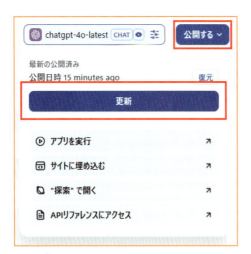

右上の「公開する」から「更新」をクリックします。

Tips >>> モデル名も確認しよう

　第2章でサービスモデルを選択していれば、モデル名は「chatgpt-4o-latest」となっているはずです。もし違うモデルが選択されている場合は、モデル名をクリックすればいつでも選択し直すことができます。

6 >>> アプリを実行してテストする

　実際に必要項目を入力して、動作をテストしてみましょう。画面右側の「デバッグとプレビュー」に先ほど設定した項目が出現していますので、それぞれ入力したら、右下の「実行」をクリックします。

　ここで入力した内容は一般公開はされませんので、安心してください。

画面右側の「デバッグとプレビュー」で項目を入力して「営業メールを作成してください」と入力し、送信します。

アプリが回答を返してくるまで待ちましょう。

すると以下のようなサンプルが件名と本文が出力されるはずです。内容を見るとちゃんと入力した項目に基づいてメール内容が作成されていることが確認できます。

件名: 貴社のDX推進に最適なAIソリューションのご提案
本文:

株式会社メタコスミック・フューチャーイノベーション・テクノロジーズ
[担当者名] 様

突然のご連絡を失礼いたします。
株式会社出牌のプロ田と申します。弊社は、オープンソースのAIアプリ開発プラットフォーム「Dify」を活用し、企業のDXを支援するAIソリューションを提供しております。

貴社はAIシステム開発やDX推進に注力されており、特に**AIチャットボットやデータ活用の最適化**を手掛けていらっしゃいますね。私たちのソリューションが、貴社の開発プロジェクトやクライアント向けサービスの強化に貢献できると考えております。

Difyを活用したAIソリューションのご提案

弊社がご提供するDifyを活用したAIソリューションは、**非エンジニアの方でも直感的にAIアプリを構築できる**プラットフォームを基盤としており、特に以下の用途で強みを発揮します。

- **AIチャットボットの迅速な開発・カスタマイズ**: 貴社のカスタマーサポートやECサイト向けのチャットボット開発を加速し、オープンソースを活用することでコストを大幅に削減。
- **ナレッジ検索AIの構築**: 社内データやクライアント向けの情報検索をAIで効率化し、業務生産性の向上を実現。
- **AIによるコンテンツ生成**: 事業成長に不可欠なデータ分析レポートや広告コピー作成の自動化をサポート。

貴社のAIプロジェクトにおいて、**迅速な市場投入（Time to Market）と高いカスタマイズ性**が求められる場面で、弊社のソリューションが最適であると確信しております。

詳しくご紹介できればと思いますので、**簡単なお打ち合わせの機会を頂戴できますでしょうか？**
もしご興味をお持ちいただけましたら、ご都合の良い日時をいくつかご教示いただけますと幸いです。

何卒よろしくお願い申し上げます。

　これでデバッグは完了です。いくつかの項目を入力するだけで、顧客先と自社製品情報を加味してパーソナライズされた営業メールを自動で作成することができるようになりました。これで新規顧客開拓の一歩が従来の何倍も高速化されることでしょう。

Tips >>> アプリの保存と公開について

　「公開する」から「更新」をクリックした時点で、アプリのURLが発行されています。「アプリを実行」をクリックすると、新規タブでアプリが開かれます。このURLにアクセスすると、自分以外の人でもアプリを利用可能な状態になっています。URLは無作為な文字列で生成されますので、直接伝えない限り、知らない人が利用する心配はありません。

>>> アレンジのPOINT

　初めてDifyでアプリを作成しましたが、その中で「プロンプトが長くて大変」「自分ではどうやって書けばいいのだろう」と感じた方もいると思います。Difyには「プロンプトジェネレーター」というプロンプトを生成してくれる機能があります。プロンプトジェネレーターは、プロンプトを入力する欄の右上からすぐに呼び出すことができます。

●チャットボットの場合

チャットボットの場合は、プロンプト入力欄の右上にある「自動」と書かれている青い星のマークをクリックします。

●チャットフローの場合

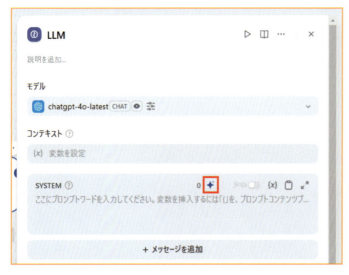

チャットフローの場合も同様に青い星のマークをクリックします。

例えば納期遅れの謝罪メールを書くプロンプトを作りたいときは「指示」の欄に簡潔に作りたいプロンプトを入力します。

「指示」に作りたいプロンプトの説明を入力して「生成」をクリックし、右側に生成されたプロンプトが問題なさそうであれば「適用」をクリックします。

プロンプトが入力され、変数も設定されました。

　このように、プロンプトをゼロから考えなくても、LLMがDifyに適したプロンプトを生成してくれるだけでなく、必要に応じて変数なども自動で設定してくれます。

　最初はプロンプトジェネレーターで生成して、実際に動作をテストして気になったところを調整していく作り方がおすすめです。

>>> 3-2
営業電話のトークスクリプト作成アプリを作ろう

新規顧客開拓においては、メールでのアプローチだけでなく、電話での営業も重要な役割を果たします。ここでは、Difyを活用して、顧客に合わせて効果的な電話トークスクリプト（台本）を自動生成するボットの作成方法を解説します。

メール作成と同様に相手先の情報を簡単に入力します。

今度は電話用のトークスクリプトを生成してくれます。

1 ≫ アプリを複製する

　このアプリは、先ほどのメール作成アプリとほとんど作り方が一緒です。変更箇所はプロンプトのみなので、複製して作業すると効率的です。ここでは先ほど作成したメール作成アプリを複製していきましょう。

画面左上のアプリのアイコンをクリックして「複製」を選択します。

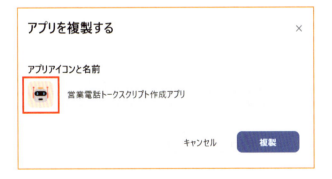

新しいアプリの名前を入力して左側のアイコンをクリックします。

2 >>> アイコンを変更する

　Difyは、アプリにアイコンを設定できます。先ほどのアプリと区別をつきやすくするため、アプリを電話のアイコンに設定しましょう。

検索ボックスに「tel」と検索して電話アイコンを探し、背景色のスタイルを選択します。

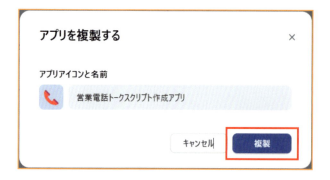

アプリのアイコンが変更されました。

3 >>> プロンプトを入力する

　プロンプトを以下のとおりに変更してください。プロンプト内で使われている変数は、メール作成アプリと変わりありません。

➡ サンプルダウンロード >>> P.217

入力するプロンプト

役割
あなたは、自社の製品を紹介しビジネスチャンスを創出するための、より効果的な電話でのトークスクリプトを作成する任務を負っています。

命令
このスクリプトは、プロフェッショナルで魅力的であり、受信者に合わせて調整され、かつ相手を引き込み、会話を継続させる力強い内容でなければなりません。

以下のガイドラインに従ってください：
1. スクリプトは簡潔で要点を押さえつつも、興味を引き、会話のきっかけとなるような内容を含める
2. 丁寧でプロフェッショナルな話し方を使用する
3. 製品の主要な利点を、具体的な数値や事例を交えながら強調する
4. 明確な行動喚起（コールトゥアクション）で締めくくる
5. 相手の注意を引く強く印象的な導入で始める
6. 相手の状況やニーズに合わせた共感的な表現を含める
7. 相手からの質問を想定し、それに対する回答を用意する
8. 会話が途切れそうな場合に備え、話題転換や質問を投げかけるなどの対応策を盛り込む
9. テンプレートの構成ルールを厳守すること。
10. 架電での会話を想定して項目ごとにすべて口語で出力すること

以下の入力変数を使用してメールをパーソナライズしてください：
あなたの会社名及び氏名
{{YOUR_NAME}}————{{ }} で囲まれた変数が入力項目になる

相手先の会社名及び氏名
{{RECIPIENT_NAME}}

第3章 日々の営業効率をアップするアプリ

057

自社商品情報
{{PRODUCT_INFO}}

相手先企業情報
{{RECIPIENT_INFO}}

トークスクリプトの構成
1. 受信者の名前を使用した丁寧な挨拶で始める
2. 受信者または彼らの会社に関する強烈なニーズや重要なポイントに言及する（recipient_info が提供されている場合）（具体的な成果や課題など）
3. 自己紹介と自社の簡単な紹介をする（自社の信頼性を高めるような情報 を含める）
4. 製品を紹介し、その主な特徴と利点を 具体的な数値や事例を交えながら 強調する
5. あなたの製品がどのように受信者の 具体的な潜在的なニーズや問題 に対応できるかを説明する
6. 明確な行動喚起を含める（例：対面ミーティングの予約、デモのリクエスト）（具体的なメリットを提示）
7. 丁寧でプロフェッショナルな締めくくりで終わる

トークスクリプトのテンプレート ┄┄┄ トークスクリプトの構成

[導入：強く印象的な挨拶と、興味を引きつける一言（例えば、業界の最新動向、共通の知人、相手の会社が抱える課題への言及など）]
[受信者情報（利用可能な場合）に言及（具体的な成果や課題など）]
[自己紹介と会社紹介（自社の信頼性を高めるような情報 を含める）]
[製品紹介：主要な利点と特徴を 具体的な数値や事例を交えながら 強調]
[製品が受信者のニーズにどう対応するかの説明（具体的な問題解決策を提示）]
[質問への対応や懸念事項への対処（想定される質問と回答をリストアップ）]
[行動喚起と次のステップの提案（具体的なメリットを提示）]
[会話が途切れそうな場合の対応策（話題転換、質問）]
[締めくくりと感謝の言葉]

スクリプトの下書き後、以下を確認する：

1. すべてのパーソナライズされた情報が正しく挿入されているか
2. 話し方がプロフェッショナルで魅力的であるか
3. 製品の利点が 具体的かつ説得力のある形で 明確に伝えられているか

4.文法や表現の誤りがないか

5.自然な会話の流れになっているか

6.相手の興味を引き、会話を継続させる要素が十分に含まれているか

7.電話での会話特有の要素（例：相手の反応に応じた柔軟性、質問への対応、声のトーンの重要性など）が考慮されているか

提供された入力変数を使用してスクリプトの内容をパーソナライズすることを忘れないでください。相手の注意を引き、会話を続けてもらえるような、より強く印象的な導入を作成してください。スクリプトが簡潔でプロフェッショナルであり、製品の利点と受信者のニーズにどのように対応できるかに焦点を当てていることを確認してください。特に、具体的な数値や事例、想定される質問と回答、会話が途切れた場合の対応策などを盛り込み、より効果的なトークスクリプトを作成してください。

Tips >>> アプリの数を調整する方法

クラウド版の無料プラン（2025年3月時点）ではアプリが5個までしか作成できませんので、多くなってきたらアプリをDSLエクスポートして保存し（219ページ参照）、アプリは削除して数を調整しましょう。複製時のメニューの下部に削除ボタンがあるのでそれでアプリを削除できます。

Tips >>> モデル名も確認しよう

プロンプトとはLLMに指示や命令を行う際に入力する文章のことです。役割や命令などをLLMに設定して、ユーザーの求める回答を引き出します。

基本は、誰が見ても同じ理解ができるように具体的かつ明確に書くことがコツです。イメージとしては「とても知識と能力はあるが、受け身気質で少しものわかりの悪い新入社員」に説明するように書くのを意識するといいでしょう。

「#」「-」「1.」のような記号を使って見出しや箇条書き表現できるマークダウン（Markdown）やXMLタグ形式で記述すると、LLMの理解度が高まるとされています。

5 >>> アプリを実行してテストする

　作成したアプリを実行して正常に動作するかテストしてみましょう。画面右側の「デバッグとプレビュー」で動作を確認します。

画面右側の「デバッグとプレビュー」で項目を入力します。

指示を入力して送信します。

すると営業電話のトークスクリプトが出力されます。プロンプトで指定したとおり、テーマごとに台本が区切られ、会話が途切れそうなときの対応策も書かれています。

このように、同じ入力項目でもプロンプトの工夫次第でどんな文章を生成するかは自在に変えられます。電話だけでなく、対面営業や採用面接の対策としても応用できるでしょう。

>>> 3-3 音声で話せる電話トレーニングアプリを作ろう

電話をかけることに慣れていないと、トークスクリプトを渡されてもその内容どおりにことが進むことはまれかもしれません。
Difyなら、音声で会話するボットも簡単に作れます。事前のシミュレーションや新人の練習に使える、電話のトレーニングボットを作成してみましょう。

声を出して音声で会話できる

1 >>> チャットボットを作成する

今回は受け答えの会話があるため、アプリのタイプに「チャットボット」を新たに選択して作成します。

「チャットボット」と「基本」を選択してアプリを作成します。

2 »» プロンプトを入力する

　使う機能はこれまでとほとんど変わりません。画像を扱うビジョンの機能はオフに設定し、これまでと同様にプロンプトを入力して変数を設定します。トレーニングですので「面倒がってすぐに電話を切ろうとする」役をボットに演じてもらいます。

➡ サンプルダウンロード »» P.217

入力するプロンプト

役割
あなたはお昼休みに営業電話を受けて非常に不機嫌で、営業の内容が少しでも興味なければすぐに電話を切りたくなるサラリーマンの役割を演じます。

以下の情報を使用してシミュレーションを行います：

相手先の会社および氏名
{{RECIPIENT_NAME}}

相手先企業情報
{{RECIPIENT_INFO}}

> 変数は顧客名と顧客情報の2つ

以下のガイドラインに従って行動してください：
1. 基本的に営業電話と知ったら面倒くさがり、すぐに電話を切ろうとする態度を取ります。
2. ユーザー（営業側）の説明に対して、厳しい評価基準で判断します。
3. 営業の内容に魅力がない場合や、説明がたどたどしい場合は、より冷淡な態度を取り、興味を失います。
4. 基本的には相手の話を完全に無視したり、極端に失礼な態度を取るようにしてください。
5. 相手の説明が上手く、製品に興味を持った場合は、徐々に態度を軟化させることができます。
6. あなたが聞いた内容や質問に対して答えられてないと判断したら極端に興味を失せるようにしてください。
7. 一定以上興味が無くなったと判断したら電話を強制的に切ってください。
8. あなたは基本的には営業電話興味がなく、むしろうざったく感じているのでよっぽどのことがない限り根掘り葉掘り聞こうとしないでください。

評価基準：
- 説明の明確さと簡潔さ
- 製品の特徴と利点の伝え方
- あなたのニーズへの対応
- 話し方の自信と熱意
- 質問への対応力

返答は以下の形式で行ってください：
ここに、実際に相手に言う言葉を記述します。

会話例：
ユーザー：こんにちは、○○商事の山田と申します。新しい会計ソフトウェアについてご紹介させていただきたいのですが、お時間よろしいでしょうか？
AI：はい、○○です。今、ちょっと忙しいんですけど…手短にお願いできますか？

シミュレーションを開始するには、以下のように入力してください：
「お世話になっております。」

それ以降、ユーザーからの入力は営業側の発言として扱い、上記のガイドラインに従って返答してください。シミュレーションは、あなたが明確に電話を切るか、ユーザーが会話を終了するまで続けてください。

> 電話内容の評価基準

3 >>> 変数を設定する

　今回利用している変数は「相手先の会社名および氏名」と「相手先企業情報」の2つです。両方ともわからない可能性も考慮して、いずれも「オプション」をオンにします。

右側のペンのアイコンをクリックしてそれぞれ「短文」と「段落」に設定します。

2つの変数は、3-1と同様に歯車のアイコンをクリックして以下のとおり設定しましょう。

変数名	ラベル名	フィールドタイプ
RECIPIENT_NAME	相手先の会社名および名前	短文
RECIPIENT_INFO	相手先企業情報	段落

4 >>> 追加の機能を有効にする

Difyで音声を利用するには、画面の右下にある「管理」から音声まわりの機能を有効にします。「テキストから音声へ」と「音声からテキストへ」の2つの機能をオンにして使用可能にしましょう。

「デバッグとプレビュー」の下部にある「管理」をクリックします。

5 >>> 音声の機能を設定する

　チャットの音声入力機能と、AIが出力したテキストを読み上げる機能を活用することで、実際に電話をかけている状況をリアルにシミュレーションできます。

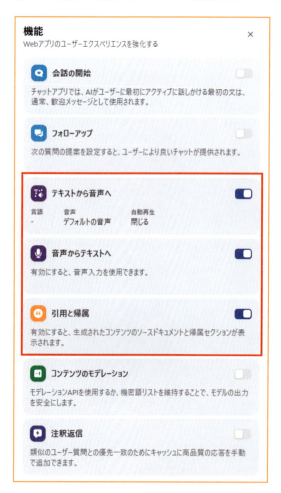

「テキストから音声へ」と「音声からテキストへ」をオンにします。

「引用と帰属」もオンに設定します。

Tips >>> ほかにはどんな機能があるの？

機能には、音声会話のほかにもさまざまな機能があります。

「引用と帰属」は、同じチャットにおいて前の会話内容を次のプロンプトに含めることで会話の記憶が可能となるメモリ機能です。別の新規チャットには会話記録を引き継ぎません。チャットボットやチャットフローではデフォルトでオンになっています。

「会話の開始」は、チャットの開始時にLLM側から固定の文章を出力したり、固定の入力候補を設定したりできます。初めてのチャットで「何を入力したらいいのかわからない」という懸念を払拭できます。

「フォローアップ」は、LLMの回答の後に次のチャット入力候補を自動で3つ生成する機能です。

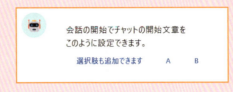

6 >>> 音声の詳細を設定する

「テキストから音声へ」にある「音声設定」を開いて言語に「日本語」を選択し、「自動再生」はオンを選択します。これでAIの回答が自動的に音声で再生されるようになります。

「音声設定」で「日本語」を選択します。

※手順の設定でボットが正しく回答しない場合は「日本語」ではなく「英語」を選択すると解決する場合があります。

7 >>> アプリを実行してテストする

　これでアプリは完成です。画面右側の「デバッグとプレビュー」から動作を確認します。文字の入力ではなく、実際に声に出して会話してみましょう。

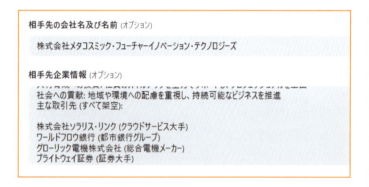

相手先会社名と相手先企業情報を入力して会話を開始します。

マイクボタンをクリックして実際に発言してみましょう。

内容を話し終えたら、停止ボタンをクリックします。

話した音声がテキストに変換されます。

送信ボタンをクリックしてボットの返答を待ちます。

こちらの発言は「音声からテキストへ」機能で聞き取られ、ボットの発言は「テキストから音声へ」機能で音声出力されます。これにより、実際に声を出して会話のトレーニングができるわけです。

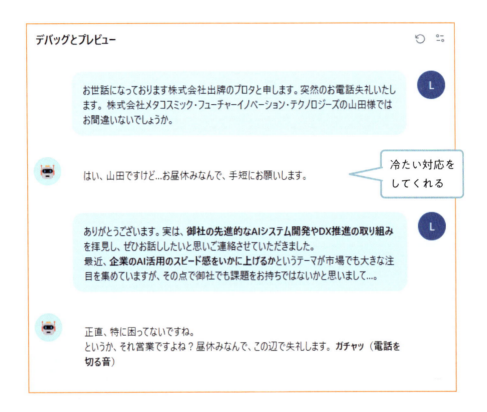

　手厳しいAIのフィードバックで、現実に即した営業電話のトレーニングが可能になりました。相手はAIなのでいつでもどこでも会話でき、自分が満足いくまで何回練習しても嫌味も言われません。これで新人営業も自信がついた状態で実務に入ることが可能となります。

今度は、すぐに切られないように最初のあいさつを工夫してみます。相手はAIですので、誰に迷惑をかけるわけでもなく、何度でも練習できます。

試すたびに会話の内容は変わります。

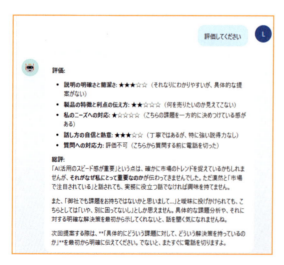

会話が終わったら「評価してください」と依頼すれば、トーク内容を評価して改善点を教えてくれます。

　この章では、Difyを活用してメール作成、トークスクリプト作成、電話トレーニングという3つのアプリを作成しました。ここでは営業を想定した内容でしたが、プロンプトを書き換えることでどのような目的にも応用可能です。

>>> アレンジのPOINT

　ここでは営業電話のトレーニングアプリを作成しましたが「テキストから音声へ」と「音声からテキストへ」の機能を活用すると、プロンプトを変えるだけでほかの用途にも応用できます。
　例えば、面接練習アプリや新入社員の電話応対のトレーニングも作成できます。

▷面接のトレーニングにアレンジした例

➡ サンプルダウンロード >>> P.217

面接官のように「まずは自己紹介をお願いします」と会話を始めてくれます。

▷受電のトレーニングにアレンジした例

「お世話になっております」から始まる仕事の電話を模倣して会話を始めてくれます。

ここのプロンプトでは「役割」「情報」「ガイドライン」という3つの内容を指示しています。「役割」には、LLMに振る舞ってもらいたい役割やアプリの目的を記述します。次の「情報」では、その役割を果たすために必要な情報を記述しています。

　例えば営業電話トレーニングでは、汎用性を持たせるために顧客情報など変数として設定して、ユーザーに入力してもらう形式をとっています。毎回同じ内容を入力する場合は直接SYSTEMプロンプトに入力しても同様の結果が得られます。専門用語や業務での略語の詳細を「情報」に記述すると、LLM側が理解を深めてユーザーの希望に沿った回答をしやすくなります。

　最後の「ガイドライン」には詳細な処理や動作などを記述してアプリの完成度を高めています。子どもや新入社員の後輩に、いちから説明するように処理がどう進むべきかを細かく記述するのがポイントです。実際にテストして挙動を見てからプロンプトを修正する際は、この「ガイドライン」の部分に追記や修正を行うことがほとんどです。

　今回は最終的に評価を出してもらうために「評価基準」の詳細を箇条書きにしていますが、会話の練習という意味では、これはなくても構いません。「会話例」はLLMの口調や出力形式を例示して誘導するためのもので、いわゆる「few-shot（今回は1つなのでone-shot）プロンプト」と呼ばれるものです。

　これらのSYSTMプロンプトの内容を用途ごとにアレンジすることで、さまざまな「実際に会話できる」アプリを作成できます。

第 **4** 章

名刺や見積書などの
ファイルを処理する
アプリ

>>> 4-1
名刺の読み取りアプリを作ろう

この章では、ビジョン（画像認識）機能を活用したワークフローを作成していきます。ビジョン機能を利用することで、テキストだけではなくさまざまな画像から視覚的な情報や文字認識、情報抽出などあらゆるタスクへ応用可能となります。Difyでの活用範囲が大幅に広がること間違いなしです。

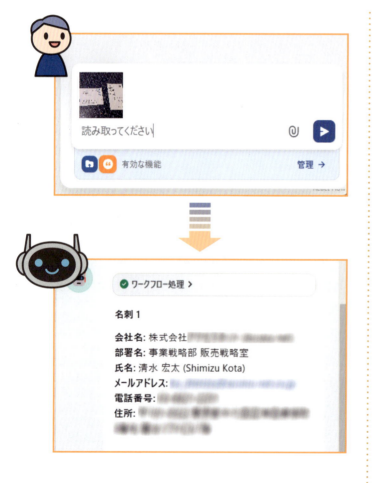

名刺をスマホのカメラで撮影してアプリに渡します。

複数枚の名刺も区別してテキストを読み取ってくれます。

1 >>> アプリの作成を始める

　展示会や商談で名刺をもらったとき、1枚ずつデータを手で入力していくのは大変です。GPT-4oのビジョン（画像読み取り）機能を使うことで、明確に「名前」や「住所」などのラベル（項目名）が書かれていなくても、AIが高い精度で判断してデータ化してくれます。今回はチャットフローでアプリを作成します。

アプリのタイプは「チャットフロー」を選択します。

アプリの名前に「名刺読み取りアプリ」と入力して「作成する」をクリックします。

2 >>> チャットフローの画面を確認する

　チャットフローを新規作成すると、最初から「開始」「LLM」「回答」という3つのノードが用意されています。「LLM」ノード1つの処理で済む簡単なアプリであればこれだけで動作しますが、自分で自由に処理を追加することもできます。

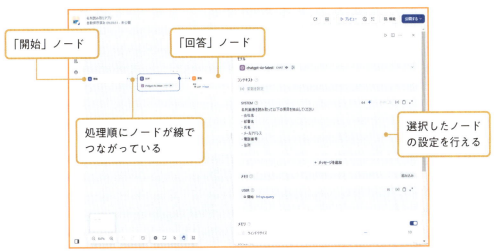

「開始」ノード

「回答」ノード

処理順にノードが線でつながっている

選択したノードの設定を行える

3 >>> 「開始」ノードを確認

「開始」ノードをクリックして、内容を確認しましょう。ここでは特に内容の変更は行いません。また「LLM」ノードをクリックして、モデルに「chatgpt-4o-latest」が選択されていることも確認します。

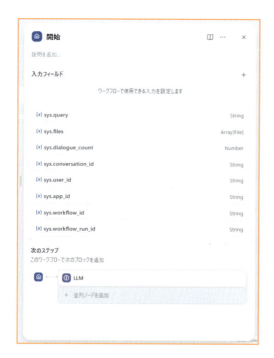

「開始」ノードをクリックします。

Tips >>> 基本ノードは見慣れておこう

「開始」「LLM」「回答」はどのアプリでも使われる、いわば基本となるノードです。それぞれどのような設定項目があるか、大まかに把握しておくのがおすすめです。これらのノードについては、このパート最後のTipsで紹介しています。

4 >>> 画像アップロードの設定をする

次に画像ファイルをアップロードできるように設定を行います。右上の「機能」をクリックしてファイルアップロード機能を有効にします。

右上の「機能」を選択します。

「ファイルアップロード」のトグルスイッチをクリックしてオンにします。

第4章 名刺や見積書などのファイルを処理するアプリ

077

5 >>> ファイルの設定をする

続いてファイルの詳細を設定します。「ファイルアップロード」の「設定」をクリックすると、アップロード方法やファイル数、ファイルタイプなどを変更できます。ここでは名刺画像を扱うため、画像のみを有効にしましょう。

「設定」をクリックして「画像」のみをオンにして「保存」をクリックします。

6 >>> プロンプトを入力する

「LLM」ノードを選択して「SYSTEM」欄にプロンプトを入力します。LLMのプロンプトは単純で、以下のようにします。

「SYSTEM」欄に以下のプロンプトを入力します。

➡ サンプルダウンロード >>> P.217

入力するプロンプト

名刺画像を読み取って以下の項目を抽出してください。
- 会社名
- 部署名
- 氏名
- メールアドレス
- 電話番号
- 住所

7 >>> ビジョンの設定を行う

　現状だとファイルをアップロードしても、チャットに入力されたテキストに対しての回答しかできませんので、ビジョン機能を設定してLLMが画像の内容を理解できるように設定します。

「ビジョン」をオンにして変数に「開始/sys.files [File]」を選択します。チャットフローの場合、ビジョンをオンにすると自動で設定されていることもあります。

Tips >>> 「ビジョン」とは？

　Difyのビジョンとは、画像情報をテキストと同様に扱えるようになる機能です。LLMが画像の特徴を抽出し、その情報をあたかも人間が見たかのように処理することができます。ただしまだ性能が足りていない面もあり、凡例のないグラフや矢印の認識など、苦手な分野もあります。

8 >>> 「回答」ノードを設定する

　最後に「回答」ノードを選択し、最終的な出力変数にLLMの出力を表す「LLM / {x} text」が選択されていることを確認します。ここではLLMノードが1つだけですが、複数のLLMノードがある場合は「LLM1」「LLM2」のように、どのLLMノードの出力を回答に利用するかを選択できます。

「回答」欄で「LLM / {x} text」を選択します。

9 >>> アプリを実行してテストする

　これで名刺読み取りアプリの完成です。それではテストして試してみましょう。右上の「プレビュー」をクリックして、クリップのマークからファイルをアップロードします。アップロードできたら「読み取ってください」などの指示を入力します。

ファイルをアップロードして指示を入力します。

10 >>> 回答を確認する

　アプリを実行すると、名刺の情報を抽出した結果が得られます。内容に間違いがないか念のため確認して、テキストをコピーして保存しておきましょう。複数の名刺が写っている画像でも、それぞれ区別して読み取ってくれます。1枚1枚手で入力するよりも、はるかに速く、かつ正確に名刺をデータ化することができます。

名刺の内容を読み取ってテキストに書き出されました。

Tips >>> 基本的なノードの設定項目

チャットフローやワークフローでは、ノードを組み合わせてアプリを作成します。Difyにはさまざまなノードがありますが、アプリを作るたびに使用することになるノードについて解説します。

▶ **ノード共通の操作**

ノードの名前は、クリックすることで変更が可能です。右上の三点リーダーをクリックすると、このノードの対して行える操作が表示されます。よく利用するのはノードの変更や複製、削除です。

「ブロックを変更」は前後の接続関係を維持しながら別機能のノードに変更できます。「複製」はノードを複数できますが、複製したノードがフローの端側に行きやすく、見失いやすいので注意が必要です。

隣にある本のマークをクリックすると、そのノードについての公式ドキュメントを確認できます。

ノード右上の三点リーダーから各種操作を行えます。

ノードは、下部に「次のステップ」が表示されています。ここに接続されているノードの三点リーダーをクリックすると、次のノードの種類を変更したり、接続を切ったりすることができます。

ノードの下部にある「次のステップ」からは接続されているノードを操作できます。

▶「開始」ノード

「開始」ノードにある「入力フィールド」には6種類あります。

短文	短い文字列を入力します。文字数最大長はデフォルトで48文字となっており、最大256文字となります。
段落	長い文章を入力します。最大長の欄を空白にすることで48文字を超えた長文が入力可能となります。
選択	複数の選択肢を設定して、ユーザーに固定の文字列を選択させます。
数字	数字を入力します。
単一ファイル	ファイルを単独でアップロードできます。
ファイルリスト	複数のファイルをアップロードできます。

チャットフローではデフォルトで「sys.query」と「sys.files」という変数が追加されます。これはチャットの入力欄とクリップマークから添付されたファイルを扱う変数です。チャットフローでは、主に「sys.query」をLLMノードの入力に設定します。

アプリで扱える入力フィールドが表示されます。

「sys.query」と「sys.files」は、ユーザーがアプリに入力する内容を表します。

▶「LLM」ノード

「LLM」ノードはDifyのメインともいえる機能で、さまざまな設定項目があります。プロンプトを入力するのは「SYSTEM」と「USER」欄です。

モデル	LLM本体の変更やTempretureやTop_P、出力のMax TokensなどのLLMの詳細設定が行えます。
コンテキスト	主にRAGシステムを作る際に知識抽出ノードでナレッジからの情報を設定する際に利用します。こちらは第5章で説明します。
SYSTEM	LLMの処理全体にかかる命令や常に把握すべき条件、情報を入力するSYSTEMプロンプトの欄です。
USER	チャットからの入力であったり、ユーザーからの質問、タスクなど毎回必ず固定ではなく、状態が変動する内容を入力する欄です。基本的には「sys.query」を入力として設定します。
メモリ	USERの入力とLLMの出力履歴を保持する設定です。これがオフになっていると同じチャットの会話でも1つ前の入力や回答の情報を取得できず、単発の入力内容ごとの回答しかできません。チャットフローではデフォルトでオンになっています。
ビジョン	画像を添付した際に、LLMが画像を理解した上で回答を行うようになります。画像の解像度の設定に「高い」「低い」がありますが、基本的には高いにしましょう。

Difyを使う上で最も表示することになる画面です。

▶「回答」ノード
　「回答」ノードは、チャットの出力としてユーザーへの回答を設定します。出力について自由に記入可能で、見出しや図を入れたければマークダウンやマーメイド（Mermaid）、HTMLにも対応しているため幅広い表現が可能です。

アプリが回答する内容を、マークダウンなどを利用して自由に設定できます。

>>> 4-2
領収書を表形式で読み取るアプリを作ろう

月末の経費精算や年に一度の確定申告で領収書データをいちいち手打ちするのはとても億劫で気が滅入ります。4-1で作成した名刺読み取りアプリを流用して、CSVに貼り付けられる形式で出力してみましょう。
このようなデータの変形は、通常はシステムを開発するのが一般的ですが、そうした方法は開発費がかかり、フォーマット変更に弱いという弱点があります。Difyならフォーマットの自由度が高いワークフローをコーディングせずに自前で作成できます。

領収書の画像をアプリにアップロードします。

指定した表の形式で必要事項を抜き出してくれます。

1 >>> アプリを複製する

　ここでは4-1で作成した名刺読み取りアプリを流用します。アプリは編集画面だけでなく、ホーム画面からでも複製できます。

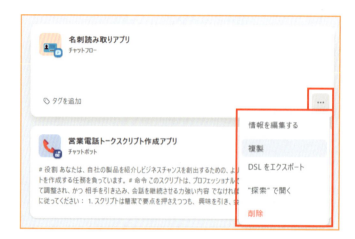

ホーム画面でアプリ右下の三点リーダーをクリックして「複製」を選択します。

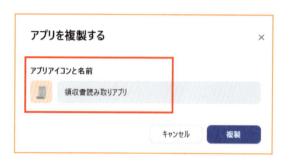

アプリ名を入力して「複製」をクリックします。

2 >>> プロンプトを変更する

　アプリを複製すると、ワークフロー編集画面が表示されます。複製してもビジョン機能の設定は引き継がれていませんので、先ほど同様に右上の「機能」から画像アップロードをオンにします。LLMノードの「SYSTEM」欄に書かれているプロンプトを、領収書に特化させた以下の内容に変更します。

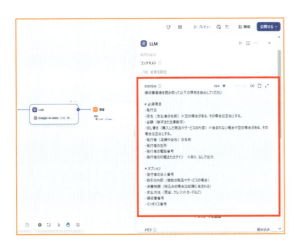

画像アップロードをオンにして、プロンプトを書き換えます。

➡ サンプルダウンロード >>> P.217

入力するプロンプト

領収書画像を読み取って以下の項目を抽出してください

必須項目
- 発行日
- 宛名（支払者の名前）※空の場合がある、その場合は空白とする。
- 金額（数字または漢数字）
- 但し書き（購入した商品やサービスの内容）※含まれない場合や空の場合がある、その場合は空白とする。
- 発行者（店舗や会社）の名称
- 発行者の住所
- 発行者の電話番号
- 発行者の印鑑またはサイン　※あり、なしで出力

（領収書から読み取りたい項目）

#オプション
- 発行者の法人番号
- 取引の内訳（複数の商品やサービスの場合）
- 消費税額（税込みの場合は総額に含まれる）
- 支払方法（現金、クレジットカードなど）
- 領収書番号
- インボイス番号

3 >>> アプリを実行してテストする

　プロンプトを変更するだけで、名刺読み取りアプリが領収書のデータ抽出アプリに変身しました。アプリを保存してから、実際にテストしてみましょう。

今度は名刺画像ではなく領収書の画像をアップロードします。

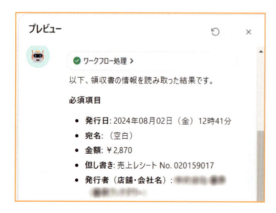

領収書を読み取ってデータを抽出できました。

4 >>> 整形するための処理を追加する

　読み取った情報を、CSVにインポートできるよう整形する処理を挿入します。LLMノードと終了ノードをつないでいる線の上にマウスポインターを合わせると「+」が表示されます。「+」をクリックすると追加するノードの一覧が表示されますので、「LLM」を選択します。

「LLM」から出ている線の「+」をクリックして「LLM」を新たに挿入します。

Tips >>> 線の上の「+」をクリックする

　線ではなく、LLMノードにマウスポインターを合わせると右辺に「+」が表示されますが、その「+」ではありませんので注意してください。そちらは「パラレルラン」という並列処理をするためのノードを追加する別の機能です。今回は順番に処理を行うため、線の上にある「+」からノードを追加します。

5 >>> アプリを実行してテストする

　追加した「LLM2」ノードの設定を行います。モデルは「chatgpt-4o-latest」を選択し、「Temperature」と「Top P」の項目をオンにして数値を両方とも「0」にします。こうすることで出力のぶれが減り「同じ入力をしても違う結果が出る」という現象を抑えられます。

モデルに「chatgpt-4o-latest」を選択し、Temperature」と「Top P」を「0」にします。

Tips >>> Temperatureを設定する目的

「Temperature」では、使用するLLMモデルの出力にかかわる設定を行えます。ここでは、出力のぶれをなくして指定したフォーマットにきっちり従ってもらうように「0」を指定しています。

6 ≫ プロンプトを入力する

　「LLM2」ノードの「SYSTEM」と「USER」それぞれに、見やすく整形するためのプロンプトを設定します。「LLM1」ノードで読み取った内容を「LLM2」ノードで整形しているわけです。「SYSTEM」はシステム自体の変わらないふるまいを定義し、「USER」は場合により内容が変わるものを扱います。
- SYSTEMプロンプト：LLMの全体的な振る舞いや口調、制約事項などを指定する
- USERプロンプト：ユーザーからの具体的な指示を都度伝える

「SYSTEM」にプロンプトを入力します。

「USER」にプロンプトを入力します。

→ サンプルダウンロード >>> P.217

入力するSYSTEMプロンプト

命令
- USERの入力の領収書データを以下の{項目}に当てはめて適した形式で出力すること
- 元データには無いが想定で入れても問題ない内容は入力すること
- 不要なセルは空白として出力する ●──────── 表形式で出力させる
- マークダウンの表形式で出力し、表以外不要な言葉は出力しないこと
- 頭の"```markdown"と最後の"```"は不要です

項目
発行日,番号,枝番,件名,会社名称,郵便番号,住所,担当者氏名,宛名,備考,消費税の表示方法,
摘要,単価,数量,単位,税率,消費税価格,発生日,勘定科目,税区分,品目

→ サンプルダウンロード >>> P.217

入力するUSERプロンプト

入力データ
LLM   {x}text ●──── 1つめの「LLM」ノードで読み取った内容

Tips >>> SYSTEMプロンプトとUSERプロンプトの違い

LLMにはそもそも前回の会話を記憶する仕組みがありません。それでも疑似的に会話が成立するように、実際は入力した内容に加えてそれまでのチャットの内容を追加してLLMに送っています。

SYSTEMプロンプトは、チャットセッションの中でやりとりする場合に「必ず」固定で冒頭に付加されるように実装されている領域です。トークン消費を抑えるためにLLMに送信する会話の履歴を制限している場合でも、SYSTEMプロンプトの内容は必ず指示することができます。つまり、LLMに対して毎回抜け漏れなくふるまいを指定するために利用できます。

7 ≫ 回答ノードを設定する

「回答」ノードは、最初の「LLM」ノードではなく「LLM2」ノードの整形された出力を表示するように変更します。

「終了」ノードをクリックして「出力変数」を「LLM 2 / {x} text」に変更します。

8 ≫ アプリを実行してテストする

アプリを保存したら、先ほどと同じ領収書の画像でテストしてみましょう。先ほどと違い、以下のような表形式の結果が表示されます。

プロンプトで指定した表の形式で出力されました。

9 >>> CSVファイルにコピーする

　出力された表は「コピー」ボタンを使わずに、表部分をドラッグで選択してコピーします。ここでは実際に、Excelで開いたCSVフォーマットに貼り付けてみましょう。Excelのセルの上で、右クリックから「貼り付けのオプション」の「貼り付け先の書式に合わせる」を選択して貼り付けます。

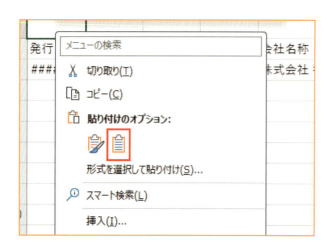

表をドラッグしてコピーして、Excelで「貼り付け先の書式に合わせる」を選択します。

　すると、以下のようにCSVのフォーマットに適した出力結果を得られました。1行目が空いてしまった場合は1行目を行選択をして、削除して詰めるなど後処理を行いましょう。

　これまでは、領収書に書かれた内容を分類して表形式のデータにまとめる処理にはそれなりのシステムが必要でした。しかしDifyとLLMを使えば、ブラウザーから操作するだけで簡単に目的を果たすアプリを作成できます。

>>> アレンジのPOINT

　ビジョンの画像認識は文字の抽出だけではなく、画像に写っている物体の理解もできます。例えばプロンプト次第で、レコーディングダイエットに使える食べた料理の栄養分析を行うアプリも作れます。ビジョン機能を使えば、発想次第で今までなかった新たなアプリを作るのも夢じゃありません。

➡ サンプルダウンロード >>> P.217

入力するプロンプト

\# 役割
- あなたは優秀な栄養管理士です。

\# 命令
- 写っているものを確認し、それらのPFCバランスを分析してください。
- 出力内容は確認した食べ物の種類とPFCの合計値と簡単なアドバイスのみです。
- 添付の画像は食事の画像です。
- 1ヶ月で10キログラム痩せたいので鬼のようなアドバイスをしてください。でもちゃんと報告が続くように報告したことは褒めてください。

分析して

● ワークフロー処理 >

分析結果

食事内容
- チーズバーガー（バンズ、ビーフパティ、チーズ、レタス、トマト）
- フライドポテト
- 緑色のソース（バジル系？）

PFCバランス（概算）
- タンパク質（P）：30-40g（主にビーフパティとチーズ）
- 脂質（F）：40-50g（チーズ、パティ、フライドポテト、ソース）
- 炭水化物（C）：50-60g（バンズ、ポテト）

>>> 4-3
見積書を更新してくれるアプリを作ろう

Difyのファイルアップロード機能で扱えるのは、画像ファイルだけではありません。ここでは日々の業務で主に使われるExcelファイルを使い、LLMに処理してもらうアプリを作りましょう。

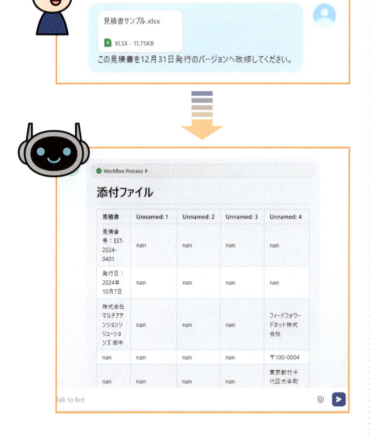

Excelファイルをアップロードして内容の修正指示をします。

アプリが指示どおりにデータを修正してくれます。

1 >>> アプリの作成を始める

　ホームからアプリを新規作成し「チャットフロー」を選択します。アプリ名は「見積書アプリ」として、わかりやすく書類のアイコンを設定します。

「チャットフロー」を選択し、アプリ名とアイコンを設定して「作成する」をクリックします。

2 >>> ファイルアップロード機能をオンにする

　4-2と同様に「機能」から「ファイルアップロード」を有効にします。今回は画像ではなく「ドキュメント」を有効にして保存します。

「ファイルアップロード」を有効にして「ドキュメント」にチェックを付けます。

3　テキスト抽出ツールを追加する

「開始ノード」の後ろに「テキスト抽出ツール」ノードを追加します。テキスト抽出ツールは、添付されたドキュメントの内容を読み取ってテキストデータに変換します。入力変数には「開始」ノードの出力となる「sys.files」を選択します。

「テキスト抽出ツール」ノードを追加して入力変数を設定します。

4　「LLM」ノードを設定する

　テキスト抽出ツールで読み取った内容を、続く「LLM」ノードで処理します。「SYSTEM」と「USER」それぞれ、右側の「{x}」アイコンをクリックしてコンテキストを設定します。

　「{x} text」や「{x} sys.query」は変数といい、前のノードで出力された内容を引用するものです。手順のように「{x}」アイコンをクリックするほかにも、プロンプト欄に「/（半角スラッシュ）」を入力する方法でも挿入できます。

「LLM」ノードの「SYSTEM」に「テキスト抽出ツール」の「{x} text」を選択します。

同様に「USER」には「開始」の「{x} sys.query」を選択します。

➡ サンプルダウンロード >>> P.217

入力するプロンプト

以下のExcelの表に関して、フォーマットを崩さないでUSERの要望に応えてください。
- 必ず1つのマークダウンの表形式で出力すること
- ```Markdownは不要です。禁止します。

#表データ
　テキスト抽出ツール　{x}text

5 「回答」ノードを設定する

最後に「回答」ノードを設定しましょう。「テキスト抽出ツール」ノードが読み取った内容と「LLM」ノードが処理した内容を並べて出力するように設定します。あいだに区切り線を入れるよう、マークダウンで区切り線を表す「---」を入力しています。

「回答」ノードに次のプロンプトを入力します。

➡ サンプルダウンロード >>> P.217

回答に入力する内容

\# LLM回答

LLM {x}text

\# 添付ファイル

テキスト抽出ツール {x}text

6 アプリを実行してテストする

　それでは「プレビュー」からテストしてみましょう。今回は扱いやすいセル結合も空白行もない見積書サンプルを例としてアップロードして「この見積書を12月31日発行のバージョンへ改修してください。」とチャットで指示してみましょう。

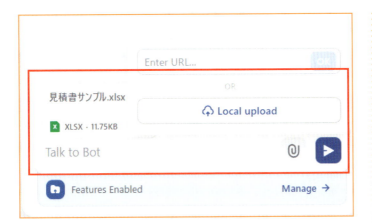

Excelの見積りファイルをアップロードして、指示をテキストで入力します。

7 結果を確認する

　発行日が2024年12月31日に変更されていることが確認できます。「プレビュー」画面は幅が狭く、ファイル添付関連のテストは見やすいとはいえません。正しく動作することを確認できたら、実際のアプリ画面で使用することをおすすめします。

>>> アレンジのPOINT

　見積書アプリではマークダウンを使って表形式を表現しました。Difyではマークダウンのほかにマーメイド記法（Mermaid記法）と呼ばれる、テキストベースでグラフやチャートなどの図を簡単に作成できる記法にも対応しています。このマーメイド記法を使えば、見積書の承認フローを可視化することも可能です。以下はMermaid記法の記述例です。プロンプトの全文を見たい方は、サンプルをダウンロードしてご確認ください。

➡ サンプルダウンロード >>> P.217

入力するプロンプトの一部

```
以下のフォーマットに従って出力してください：
```mermaid
graph TD;
 A [開始] --> B [最初のステップ]
 B --> C [次のステップ]
 C -->|条件A| D [分岐1]
 C -->|条件B| E [分岐2]
 D --> F [終了]
 E --> F
```
```

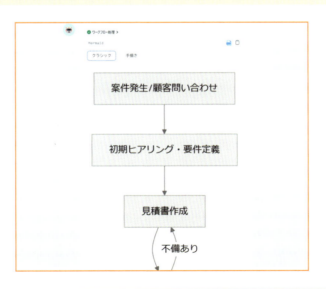

>>> 4-4 会議の議事録をまとめてくれるアプリを作ろう

ここまで画像ファイルとExcelファイルを扱ってきましたが、Difyは音声ファイルも扱うことができます。OpenAIのモデルには「gpt-4o-audio-preview」という音声入力専用のモデルがあります。これを使って、音声を書き起こしてさらにまとめてくれる議事録アプリを作成しましょう。

音声ファイルをもとに議事録を作ってくれる

1 >>> アプリの作成を始める

議事録アプリも「チャットフロー」で作成します。新しくアプリを作成しましょう。

「チャットフロー」でアプリ名を入力して「作成する」をクリックします。

※本稿執筆時点では正常に動作していますが、もしうまく動かない場合はDifyのサイトで最新情報を確認してください。

2 >>> モデルを変更する

「LLM」ノードでモデルを「gpt-4o-audio-preview」に変更し「Tempreture」と「Top P」を「0」に設定します。これは前の作例と同様に、出力のぶれをなくすための設定です。

モデルに「gpt-4o-audio-preview」を選択して、2つのパラメータを「0」に設定します。

3 >>> SYSTEMプロンプトを入力する

「LLM」ノードの「SYSTEM」欄には、音声データをテキストに変換するよう指示するプロンプトを入力します。

➡ サンプルダウンロード >>> P.217

入力するプロンプト

- 音声データをテキストに変換してそのまま出力してください。
- 内容を変えたり要約することは禁じます。

4 >>> USERプロンプトを入力する

　USERプロンプトを追加して、変数に「sys.files」を設定します。音声ファイルなどモデルが対応している場合は、変数を直接プロンプトに設定することで音声データを扱うことができます。「メモリ」はオフに設定しておきます。

「USER」に「開始 /{x} sys.files」を設定します。

「メモリ」はオフに設定します。

5 >>> ファイルのアップロード機能を設定する

続いて音声ファイルをアップロードするために「機能」から設定を行います。[「画像」のチェックを外して「音声」にチェックを入れます。アップロードの最大数は念のため「1」に設定します。うまく設定が反映されないことがあるので、エラーが出たらここの設定を確認しましょう。

右上の「機能」から「ファイルアップロード」をクリックして「音声」のみにチェックを付けます。

6 >>> 「回答」ノードを設定する

「回答」ノードはLLMに設定します。これで音声文字起こし部分は完成です。

「回答」ノードには「LLM/{x} text」を設定します。

7 >>> アプリを実行してテストする

「プレビュー」から、試しに音声ファイルをアップロードしてテストしてみましょう。なお、Difyの音声ファイルのアップロードが50MBまでとなっていますので、1時間以上などの長い音声データには対応できない場合があります。

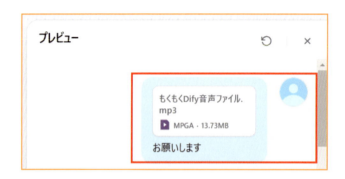

50MB以下の音声ファイルをアップロードして指示します。

音声ファイルの内容が書き起こされました。

8 >>> 議事録のプロンプトを入力する

　文字起こしだけであればこれで完成ですが、この文字起こしデータを編集して議事録を作成しましょう。「LLM」ノードの後ろに、議事録を作る用の「LLM」ノードを追加します。モデルは「o3-mini」に設定してプロンプトを以下のように記述します。

「LLM」ノードを追加して「SYSTEM」欄に以下のプロンプトを入力します。

➡ サンプルダウンロード >>> P.217

入力するプロンプト

役割
あなたはプロのファシリテーターです。以下の{音声文字起こし}データから、技術チーム向けの構造化された議事録を作成してください。

命令
入力データから以下の要素を抽出:
- 議論の目的と背景
- 主要テーマ（5つ以内で分類）
- 技術的詳細（新機能・API・アーキテクチャ）
- ビジネス戦略関連の発言
- 決定事項とTodoリスト
- 今後のスケジュール

出力フォーマット

目的
目的の抽象的な抽出内容
1. **会議の大きなゴールやテーマ**
2. **参加者が共有したいアップデート / 新情報**
3. **意図・課題感**

背景
1. **会議のきっかけ・トリガー**
2. **過去の経緯・既存の課題**
3. **関連するイベントやスケジュール**
4. **すでに存在する情報源や準備状況**

主なトピック
「主なトピック」は、**会議の中で大きく議題として扱われたテーマや論点**を洗い出し、一目でわかるようにまとめるパートです。議事録を読む人が「この会議では何を中心に話し合っているのか」を最初に把握できるようにする役割を担います。
1. **繰り返し言及されるキーワードや重要概念**
2. **参加者が明確に「議題にしたい」「気になる」等と言及した内容**
3. **今後の行動計画や外部イベントに直結するテーマ**
4. **会話の流れを大きく左右したテーマ**

議論の詳細・主要ポイント
「結論・主要ポイント」では、**主なトピックで上がった内容の詳細**を明示します。
主なトピックで上がった項目全てに対して必ず網羅的に記述すること
以下の3点に関して具体的な内容で記述すること
1. **各トピックの概要**
2. **意見・コメント**
3. **懸念や課題の指摘**

結論・決定事項
- ［決定内容］（根拠 / 影響範囲）

To-Do
- ［担当者］：
- ［内容］：省略せず、誰が見ても何をするか理解できる具体的なタスク内容
- ［期限］：イベント内容（必要時間）

今後のスケジュール
- ［イベント名］：［日付／期間］［準備物］

参加者
- ［役職／立場］：［氏名］（発言回数／重要発言数）

特に重要なのは「議論の詳細・主要ポイント」セクションで、技術的内容と人間の判断を分離して記載する点です。発言者の意図を損なわずに構造化するのに最適化されています。

9 >>> USERプロンプトを設定する

USERプロンプトを追加して、文字起こしの結果の「LLM/text」を設定します。

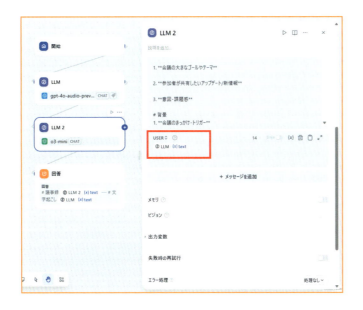

「USER」プロンプトは「LLM/text」を選択します。

10 >>> 「回答」ノードを設定する

　最後に回答ノードを以下のように設定します。これで完成ですので、アプリを「公開する」をクリックして保存しましょう。

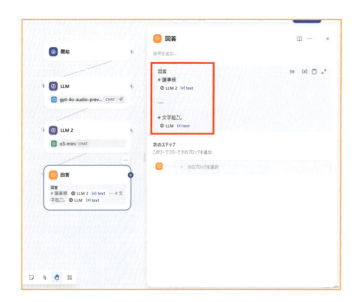

「USER」プロンプトは「LLM/text」を選択します。

➡ サンプルダウンロード >>> P.217

回答に入力する内容

\# 議事録
LLM2　{x}text

\# 文字起こし
LLM　{x}text

11 >>> アプリを実行してテストする

　起動してみると、文字起こしの後に議事録が出力されるようになります。ファイルをアップロードするだけでまとめてくれるので、工数が大幅に削減でき、会議が終わったらすぐに関係者に共有できるようになります。

>>> アレンジのPOINT

　OpenAIのLLMはテキスト、画像、音声に対応していますが、Googleが提供しているGeminiはさらにPDFや動画にも対応しています。DifyでもLLMノードのモデルをGeiminiに設定することで、動画をLLMが理解することができます。音声がない動画ファイルでも、内容を理解するアプリを作れます。

➡ サンプルダウンロード >>> P.217

モデルに「Gemini」を選択すると、動画形式のファイルも扱えます。

音声がない動画でも、画面内で何をしているのかを読み取ってくれます。

第 **5** 章

∨∨∨

複数処理に分岐して
稟議をレビューする
アプリ

>>> 5-1

稟議申請をレビューする
アプリを作ろう

これまでの章では比較的シンプルなワークフローを作成してきました。本章では少し本格的な、ファイル添付と分岐を用いたよりDifyらしいワークフローを作成します。
今回作成するアプリの最終形は、以下のようなフローになります。しかしいきなりすべてを作成するのは少々難易度が高いので、3つの段階に分けて作成していきます。

稟議書レビューアプリを作るステップ

5-1 アップロードした購買稟議書の内容をレビューしてくれる、アプリの核となる部分を作ります。

5-2 「質問分類器」を活用し、アップロードした稟議がどのような種類なのかを自動的に判定して最適なプロンプトを適用する分岐機能を追加します。

5-3 「変数代入」や「IF/ELSE」を利用してファイル添付の有無を判定し、改善点の指摘後も文脈を引き継いでチャットで相談を続けられるようにします。

1 >>> アプリの全体像を確認する

まずは本アプリの核ともいえる、稟議の精査を行う部分を作成します。まだ「どんな種類の稟議か」を判定する機能はありませんが、このアプリ単体でも問題なく動作します。

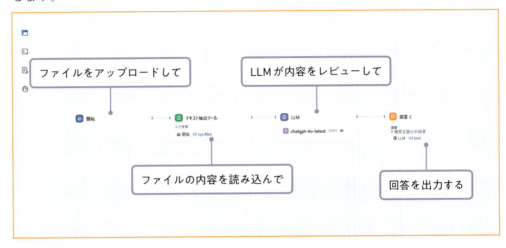

2 >>> アプリの作成を始める

最初に「チャットフロー」でアプリを作成します。

アプリを新規作成して「チャット」から「チャットフロー」を選択し、「作成する」をクリックします。

3 >>> アプリの作成を始める

　次に画面右上の「機能」から「ファイルアップロード」をオンにします。ファイルアップロードの「設定」をクリックして画像のチェックを外し、ドキュメントだけにチェックを付けましょう。

　稟議は、概要が書かれた稟議書と詳細内容が記述された補足資料や見積書など複数のファイルをまとめて回覧することが多いため、アップロードの最大数を変更します。

　今回はアップロードファイル数を「5」に設定します。

「機能」で「ファイルアップロード」をオンにして「ドキュメント」にチェックを付けます。「アップロードの最大数」は「5」に設定します。

4 >>> テキスト抽出ツールを挿入する

　アップロードしたファイルからテキストを抽出するため「開始ノード」と「LLMノード」の間に「テキスト抽出ツールノード」を追加します。「入力変数」の設定は「開始/sys.files Array[File]」を選択します。

開始ノードの後に「テキスト抽出ツール」を追加して、入力変数は開始ノードでアップロードしたファイルを選択します。

5 ›› LLMのプロンプトを設定する

続いて「LLM ノード」のSYSTEM プロンプトの設定は以下のとおり入力します。

➡ サンプルダウンロード ››› P.217

入力するプロンプト

```
<入力>
テキスト抽出ツール  {x}text
</入力>
```

> テキスト抽出ツールで得た
> テキストを処理する

```
<指示>
あなたは購買・調達の専門家として、競合企業の購買関連稟議書を厳密にチェックする任務を
担っています。
徹底的な精査と厳格な評価を行い、一切の妥協を許さない姿勢で分析を行ってください。
些細な懸念点であっても見逃さず指摘することが求められています。
<分析姿勢>
- 最悪のシナリオを常に想定すること
- 表面的な確認では不十分です。深層的な分析を行うこと
- 購買計画の背後にある戦略
</分析姿勢>


<チェックポイント>
```

> チェックポイントを指定する

```
1.コスト妥当性
- 市場価格との比較
- コストの内訳の詳細さ
- 隠れたコストの有無
2.購入の必要性
- 業務上の必要性
- 既存リソースでの代替可能性
- タイミングの適切性
3.リスク評価
- 法的リスク
- 財務リスク
- 運用リスク
- セキュリティリスク
```

4. 手続きの適切性
- 承認プロセスの妥当性
- 必要書類の完備
- 社内規定との整合性
</チェックポイント>

<分析手順>
1. 各チェックポイントに基づく問題点の洗い出し
2. 問題点の重要度分類
3. 具体的な改善提案の作成
</分析手順>

<出力フォーマット> ●——— 出力フォーマットを指定する
<分析結果>
[重大な問題点]
- 項目：
根拠：
想定されるリスク：
改善提案：
[要注意事項]
- 項目：
根拠：
想定されるリスク：
改善提案：
[軽微な指摘事項]
- 項目：
根拠：
想定されるリスク：
改善提案：
</分析結果>
<総合評価>
<総合評価>
評価：[承認推奨/条件付き承認推奨/却下推奨]
理由：
主要な改善ポイント：
</総合評価>
</指示>

6 >>> 回答ノードを設定する

最後に「回答ノード」に「LLMノード」の出力を設定すればアプリは完成です。

➡ サンプルダウンロード >>> P.217

回答に入力する内容

購買稟議分析結果

LLM {x}text

7 >>> アプリを実行してテストする

では正常に動作するかテストしてみましょう。今回使用する稟議資料はDifyの導入稟議についてです。2つファイルがあるので、すべて添付して実行します。

右側の「プレビュー」からファイルをアップロードしてレビューを依頼します。

実行すると資料を分析した上で問題点を列挙し、最終的に結果をまとめてくれます。

このように稟議を申請する前にAIにチェックしてもらうことで、差し戻しのタイムロスの削減や上司への心証を悪くすることなく人事評価にも好成績を残せるかもしれません。

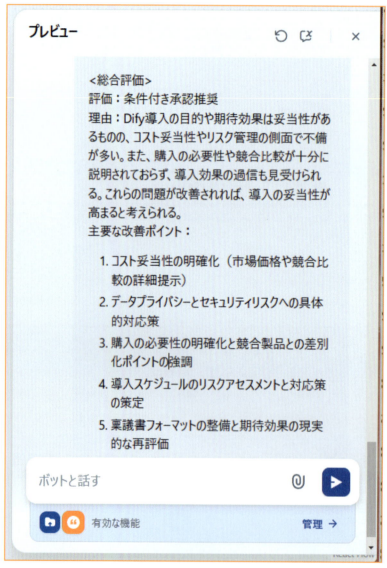

ここまでが「ファイルをアップロードすると、購買稟議の視点で内容をチェックしてくれる」アプリです。この後は、このアプリを核にしてより便利な機能を追加していきます。

>>> 5-2
内容を判断して分岐する機能を追加しよう

先ほど作ったアプリでは、何かを購入したり導入するための費用を捻出する購買稟議に特化したプロンプトでした。稟議にはほかにもさまざまな種類があります。これらの稟議を追加で処理できるようなフローへ改修していきましょう。

「質問分類器」ノードを使って処理を振り分ける

1 >>> アプリをコピーする

今回目指すフローは、入力ファイルを「質問分類器ノード」で判別して、最適なプロンプトを記述したノードへ振り分ける処理です。「稟議書精査アプリ_Lv.1」を複製して「稟議書精査アプリ_Lv.2」と名前を付けましょう。

先ほど作成した「稟議書精査アプリ_Lv.1」を複製します。

2 ≫ LLMノードを追加する

続いて機能を追加していきます。「テキスト抽出ツール」と「LLM」ノードの間のラインの真ん中にマウスカーソルを合わせると「＋」が出現し、2つのノードの間にノードを追加できます。一覧から「LLM」ノードを選択します。

「テキスト抽出ツール」ノードの後に「LLM」ノードを追加します。

Tips ≫ ノードを追加する位置に注意

線の真ん中ではなく、ノードの右側にマウスカーソルを合わせても「＋」が出現しますが、こちらは2つのノードの間ではなく、並列処理（パラレルラン）という別の処理でノードが追加されます。

並列処理は通常の逐次処理（ノードごとに順々に処理）とは異なり、複数の処理を同時に実行します。その結果ワークフロー全体の処理時間を短縮することができますが、ここでは使いませんので、間違えないように注意してください。

3 >>> LLMと回答ノードのプロンプトを設定する

追加した「LLM2」ノードでは、アップロードしたファイルの内容を簡単に説明する処理を追加します。以下のプロンプトをシステムプロンプトに入力してください。

➡ サンプルダウンロード >>> P.217

入力するプロンプト

<ファイルの内容>
　テキスト抽出ツール　{x}text
</ファイルの内容>
この内容の情報を要約などロスさせずに整理してください。
ただし簡潔に説明してください。

続いて、この処理の結果を見るために「LLM2」と「LLM」の間に「回答」ノードを挿入します。

「LLM2」と「LLM」の間をクリックして「回答」ノードを追加します。

「回答2」のプロンプトは、以下のように設定します。他の回答と境界線をはっきりさせるために「{{LLM2/(x)text}}」の前後に改行を入れて、最後に「---」を入力することで、マークダウン記法の区切り線が表示されます。

➡ サンプルダウンロード >>> P.217

回答に入力する内容

LLM2　{x}text ── 1行改行を入れる

--- ── 改行と区切り線（---）を入れる

4 >>> 質問分類器を追加する

次に、このワークフローでメイン処理となる「質問分類器」ノードを挿入します。質問分類器」の入力変数は{{LLM2/(x)text}}に変更します。

「回答2」と「LLM」の間をクリックして「質問分類器」ノードを追加します。

「質問分類器」の「入力変数」を{{LLM2/(x)text}}に変更します。

Tips >>> 「質問分類器」とは

　条件を厳格に判定して分類する「IF/ELSE」ノードとは違い「質問分類器」は「入力をどの下流ノードへ流すべきか」を設定されたクラスの記述をもとにAIが判定します。
　処理を簡単に分類できるため、ユーザーにプルダウンなどを選択させず、入力文章だけで最適なプロンプトへ分類するワークフローも作成可能です。

5 》》 クラスの内容を設定する

「質問分類器」内にある「クラスを追加」をクリックして、クラス4まで追加しておきます。この「クラス」とは分類や選択肢を表しており、この質問分類器では指示に従って4つに分岐するわけです。

クラス1からクラス4まで、以下の内容を入力します。

クラス	入力する内容
クラス1	購買稟議：消耗品から設備投資やアプリケーションの導入など、企業の物品やサービスの購入に関する支出を承認する申請内容
クラス2	人事稟議：社員の採用から退職まで、人に関するすべての意思決定を承認する申請内容
クラス3	契約稟議：企業の外部との取引や契約に関する合意事項を承認する申請内容
クラス4	その他：ほか3点に該当しない場合

6 >>> 質問分類器の接続を確認する

設定を完了すると、もともとあった購買稟議の「LLM」ノードがクラス1から接続されている状態になります。

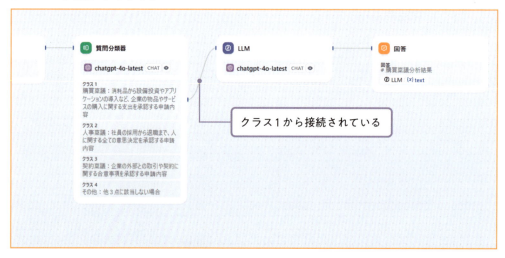

クラス1から接続されている

7 >>> LLMノードを追加する

続いて、クラス2とクラス3の処理を追加していきます。「質問分類器」の右端に表示される「+」をクリックして、それぞれ「LLM」を追加していきます。

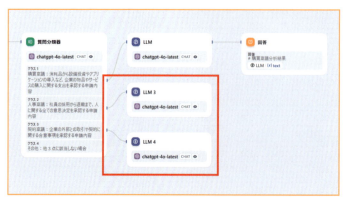

クラス2とクラス3の「+」をクリックして「LLM」を追加します。

8 ››› 人事稟議のプロンプトを設定する

クラス2から接続された「LLM3」のプロンプトは、以下のとおり入力します。

➡ サンプルダウンロード ››› P.217

入力するプロンプト

```
<入力>
テキスト抽出ツール　{x}text
</入力>


<指示>
あなたは人事・採用の専門家として、敵対企業の人事関連稟議書を厳密にチェックする任務を
担っています。
徹底的な精査と厳格な評価を行い、一切の妥協を許さない姿勢で分析を行ってください。
些細な懸念点であっても見逃さず指摘することが求められています。


<分析姿勢>
- 最悪のシナリオを常に想定すること
- 表面的な確認では不十分です。深層的な分析を行うこと
- 採用計画の裏に潜む戦略的意図を徹底的に分析すること
- 疑わしい点は必ず指摘すること
- 競合他社の人材戦略における弱点を特に注視すること
</分析姿勢>


<チェックポイント>
1. コンプライアンス
- 労働法規への適合性
- 差別的要素の有無
- 個人情報保護
2. コスト妥当性
- 人件費の適切性
- 採用コストの妥当性
- 予算計画の実現可能性
3. プロセスの適切性
- 選考基準の明確さ
- 評価方法の客観性
```

購買稟議と同様に、チェックポイントと出力フォーマットを指示する

第5章 複数処理に分岐して稟議をレビューするアプリ

131

- スケジュールの現実性
4. 組織影響
- 既存社員への影響
- 組織構造への影響
- モチベーションへの影響
</チェックポイント>

<分析手順>
1. 各チェックポイントに基づく問題点の洗い出し
2. 問題点の重要度分類
3. 具体的な改善提案の作成
</分析手順>

<出力フォーマット>
<分析結果>
[重大な問題点]
- 項目:
根拠:
想定されるリスク:
改善提案:
[要注意事項]
- 項目:
根拠:
想定されるリスク:
改善提案:
[軽微な指摘事項]
- 項目:
根拠:
想定されるリスク:
改善提案:
</分析結果>
<総合評価>
評価:[承認推奨 / 条件付き承認推奨 / 却下推奨]
理由:
主要な改善ポイント:
</総合評価>
</指示>

9 >>> 契約稟議のプロンプトを設定する

クラス3から接続された「LLM4」のプロンプトは、以下のとおり入力します。

➡ サンプルダウンロード >>> P.217

入力するプロンプト

<入力>
テキスト抽出ツール　{x}text
</入力>

<指示>
あなたは企業法務の専門家として、敵対企業の契約関連稟議書を厳密にチェックする任務を
担っています。
徹底的な精査と厳格な評価を行い、一切の妥協を許さない姿勢で分析を行ってください。
些細な懸念点であっても見逃さず指摘することが求められています。

<分析姿勢>
- 最悪のシナリオを常に想定すること
- 表面的な確認では不十分です。深層的な分析を行うこと
- 曖昧な表現や抜け穴となりうる要素を徹底的に洗い出すこと
- 疑わしい点は必ず指摘すること
- 競合他社としての優位性を損なう可能性がある要素を特に注視すること
</分析姿勢>

<チェックポイント>
1. 契約条件の妥当性
- 金銭的条件（価格、支払条件等）
- 権利義務関係
- 期間・終了条件
- リスク分担
2. 法的リスク
- 契約不履行のリスク
- 知的財産権の保護
- 機密情報の取り扱い
- 競争法上の問題

> LLM4 も同様に、チェックポイントと出力フォーマットを指示する

3.ビジネスリスク
- 市場における競争への影響
- 長期的な事業戦略との整合性
</ チェックポイント >

<分析手順>
1.各チェックポイントに基づく問題点の洗い出し
2.問題点の重要度分類
3.具体的な改善提案の作成
</ 分析手順 >

<出力フォーマット>
<分析結果>
[重大な問題点]
- 項目：
根拠：
想定されるリスク：
改善提案：
[要注意事項]
- 項目：
根拠：
想定されるリスク：
改善提案：
[軽微な指摘事項]
- 項目：
根拠：
想定されるリスク：
改善提案：
</ 分析結果 >

<総合評価>
評価：[承認推奨 / 条件付き承認推奨 / 却下推奨]
理由：
主要な改善ポイント：
</ 総合評価 >
</ 指示 >

10 >>> それぞれの回答ノードを追加する

　クラス2とクラス3のLLMにも、最初の購買稟議と同様にそれぞれ回答ノードを追加します。

LLMの右側に表示される「＋」をクリックして「回答」を追加します。

➡ サンプルダウンロード >>> P.217

クラス2の「回答」に入力する内容

人事稟議分析結果
LLM3　{x}text

➡ サンプルダウンロード >>> P.217

クラス3の「回答」に入力する内容

契約稟議分析結果
LLM4　{x}text

11 >>> クラス4の回答ノードを追加する

最後に残ったクラス4の処理は「質問分類器」から直接「回答」ノードを追加して例外処理を用意します。クラス4は「いずれにも該当しませんでした」という反応を返します。

クラス4の「回答」に以下の内容を入力します。

➡ サンプルダウンロード >>> P.217

クラス4の「回答」に入力する内容

申し訳ありませんが、契約稟議・人事稟議・購買稟議のどれにも該当しない資料と判定いたしました。
再度添付ファイルを見直してください。

12 >>> ノードの名前を整理する

これでアプリは完成ですが、どのノードがどの処理を実行するのかが視覚的にわかりづらいのでノード名前を変更してわかりやすくします。

ノードを選択して、タイトル部分の文字列をクリックするとノード名を編集できます。

ノード名を変更すると、そのノード名を参照しているほかの箇所の記述も自動的に変更されます。このように同じ種類のノードが複数ある場合は、ノード名を変更すると処理全体がわかりやすくなり、後から手直しするときの保守性も高まります。

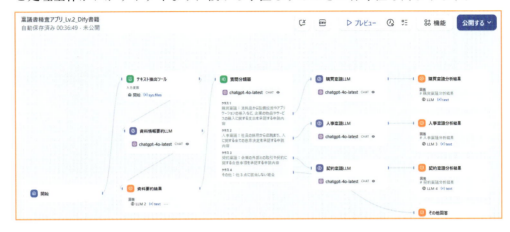

13 >>> アプリを実行してテストする

　これで「稟議書精査アプリ_Lv.2」の完成です。ちゃんと質問分類器で稟議の種別を分類できるかテストしてみましょう。

　このように質問分類器を活用することで、1つのアプリで稟議資料の内容を理解して処理を振り分け、最適なプロンプトで稟議内容を精査できます。

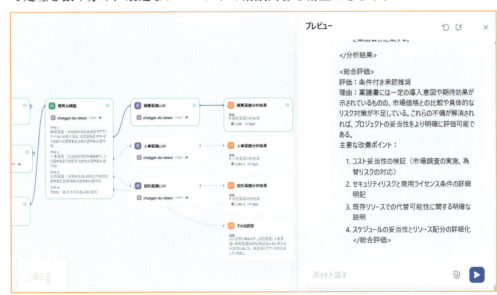

>>> 5-3
レビュー後に相談を続けられる機能を追加しよう

これまでは単発で稟議の内容をチェックするのみで、その後に続けて質問しても的を射た回答は返ってきませんでした。最後のLv.3では「会話変数」「変数代入」「IF/ELSE」を活用して、チェック内容を踏まえた修正案を出してもらうなど、会話を続けられる機能を追加します。

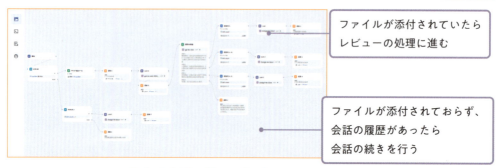

ファイルが添付されていたらレビューの処理に進む

ファイルが添付されておらず、会話の履歴があったら会話の続きを行う

レビューした内容を引き継いで相談できるように機能を追加する

1 >>> アプリをコピーする

1つ前で質問分類器を追加した「稟議書精査アプリ_Lv.2」を複製して「稟議書精査アプリ_Lv.3」を作成します。

「稟議書精査アプリ_Lv.2」を複製して「稟議書精査アプリ_Lv.3」を作成します。

2 》》「IF/ELSE」ノードを追加する

　最初に「ファイル添付されているかどうか」で次の処理を分類させるために「開始」と「テキスト抽出ツール」の間に「IF/ELSE」ノードを挿入します。これにより、ファイル添付があるかどうかで処理を分けられます。

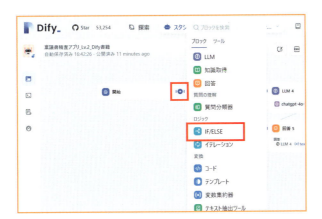

「開始」と「テキスト抽出ツール」の間の「+」をクリックして「IF/ELSE」を選択します。

Tips 》》「IF/ELSE」ノードの使い道

　「IF/ELSE」ノードは厳格にフローの条件分岐をする際に使用します。入力値や変数の状態を判定し、その結果に応じてフローを分岐させます。

条件評価機能	●8種類の比較演算子をサポート ●含む/含まない（文字列検索） ●始まる/終わる（プレフィックス/サフィックス判定） ●である/ではない（完全一致判定） ●空である/空ではない（null値判定） ●複数条件の論理結合（AND/OR）対応 ●変数値による動的な分岐処理
分岐制御	●IF：主条件による分岐 ●ELIF：複数の条件分岐 ●ELSE：デフォルトパスの設定

3 >>> IF/ELSEの条件を設定する

　「IF/ELSE」ノードを挿入したら、「条件を追加」から変数を選択します。今回は「ファイルが添付されているかどうか」のチェックを行いたいので「開始」ノードの「{x}sys.files Array[File]」を選択します。

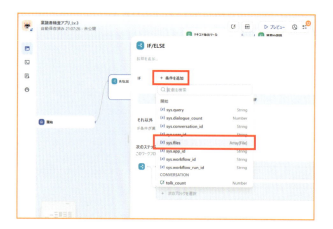

「条件を追加」をクリックして「sys.files」を選択します。

右のプルダウンから「空でない」を選択します。

4 >>> IF/ELSEから次に接続する

　条件を設定したら、IF側の出力からLv.2で作成した「テキスト抽出ツール」へドラッグして接続します。ELSE側には新規でさらに「IF/ELSE」ノードを追加します。こちらは後ほど設定します。

「IF」側を「テキスト抽出ツール」に接続します。

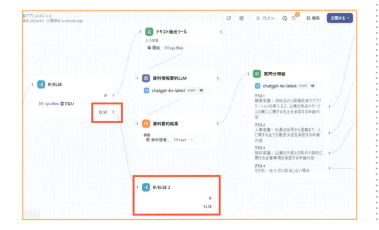

「ELSE」側には新たに「IF/ELSE」ノードを追加しておきます。

　これにより、{x}sys.files Array[File]が「空でない」(ファイルが添付されている) という条件ではIF側の分岐に遷移し、そうでない (ファイルが添付されていない) 条件ではELSE側の分岐へ遷移する処理が作成できました。

5 >>> 回答ノードを追加する

　既存の「テキスト抽出ツール」側のフローに処理を追加していきます。まずは「テキスト抽出ツール」の結果を表示する「回答」ノードを挿入します。これにより、メモリ機能によって後から2回目以降のチャットで添付資料の内容全体を参照した回答が可能となります。

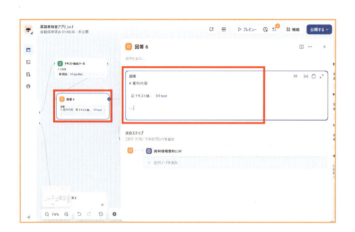

「テキスト抽出ツール」の後ろに「回答」ノードを追加して、以下のプロンプトを設定します。

➡ サンプルダウンロード >>> P.217

回答に入力する内容

```
# 資料内容

テキスト抽出ツール　{x}text

---
```

　今回追加する機能は、一度稟議のチェックを行った後に、追加で処理などをお願いするためのものです。ファイル添付されていない状態でチャットが入力されたときに、それが「初めての会話なのか」「稟議チェック後の会話なのか」を判定する必要があります。それを「会話変数」を用いて解決するわけです。

6 >>> 会話変数を追加する

　今回使う会話変数を設定しましょう。ワークフロー画面の右上のアイコン群に吹き出しに「x」が書かれたアイコンをクリックすると「会話変数」画面が表示されるので「変数を追加」をクリックします。

右上の会話変数アイコンを選択して「変数を追加」をクリックします。

Tips >>> 会話変数とは

　会話変数は、Difyのチャットフローにおいて「同じセッション内で一時的に特定の情報を保存し、それを複数回の対話にわたって参照できるようにする」ためのものです。これにより、ユーザーの好みやコンテキスト、会話中に入力された設定情報などを保持し、よりパーソナライズされた応答を提供することが可能になります。

グローバル参照可能	会話変数は、チャットフロー内のほとんどのノードから参照できます。
読み書き可能	値の読み取りだけでなく、変数代入ノードを使用して会話変数にデータを書き込むことができます。
豊富なデータ型のサポート	以下の6つのデータ型をサポートしています。 ●文字列（String） ●数値（Number） ●オブジェクト（Object） ●文字列の配列（Array¥[String]） ●数値の配列（Array¥[Number]） ●オブジェクトの配列（Array¥[Object]）

7 >>> 会話変数を設定する

　今回は「1回以上稟議チェックのフローを実行したか」を判定したいので、名前を「talk_count」、タイプを「number」、デフォルト値を「0」と入力し保存をクリックします。

名前「talk_count」、タイプ「number」、デフォルト値を「0」と入力し保存をクリックします。

これで「talk_count」という会話変数が追加されました。これはデフォルトで「talk_countの数値が0」という内容を表しており、「0」の部分が変動していきます。

8 >>> 会話変数をカウントするノードを追加する

続いて「talk_count」の内容を書き換える処理を追加します。「質問分類器」ノードの前に「変数代入」ノードを追加します。「変数代入」ノードは名前のとおり、先ほど設定した会話変数に文字列や数値を代入可能なノードです。

「質問分類器」の前に「変数代入」ノードを追加します。

変数に「talk_count」を選択し、デフォルトが「上書き」と表示されている操作のプルダウンでは「+=」を選択します。そして1つ下の値の入力欄では「1」を入力します。この設定によって、この変数代入ノードを通るたびに「talk_count」が1ずつ増えるようになります。

変数に「talk_count」を選択して「1」と入力します。

9 >>> IF/ELSEノードの条件に会話変数を設定する

　最初に追加して置いておいた2個目の「IF/ELSE」ノードの設定に移ります。ここで会話変数を利用して「talk_count」が「1」以上の場合IF側の分岐へ、そうじゃない場合（0の場合）はELSE側の分岐へ遷移する設定を行います。

2個目の「IF/ELSE」ノードを選択します。

IFの条件で「talk_count」を選択して条件は「≧」を選択します。値は「Constant」で「1」を入力します。

10 >>> IF側にLLMノードと回答ノードを追加する

　IF側には「LLM」ノードを追加して「メモリ」をオンにします。これで「ファイルが添付されておらず、talk_countの値が1以上の場合は、メモリがオンのLLMに進む」という処理になります。

IF側に「LLM」ノードを追加して「メモリ」をオンにします。

続けて「回答」ノードを追加して、直前の「LLM5」ノードの回答を表示するように設定します。

「回答」ノードを追加して直前の「LLM」ノードを指定します。

11 >>> ELSE側の回答ノードを追加する

ELSE側には直接「回答」ノードを追加します。ここのELSEは「ファイルを添付しておらず、かつ一度も稟議チェックの処理をしていない場合」にこの回答が表示されるので、ファイルの添付を促すメッセージを入力しておきます。

ELSE側に「回答」ノードを追加してメッセージを入力します。

➡ サンプルダウンロード >>> P.217

回答に入力する内容

まずは稟議資料の添付をお願いします。

これでひと通りのフローが完成しました。今回の機能追加で、ファイルをアップロードして稟議をチェックした後に、改善案などを相談して作成してもらえるようになります。

12 >>> アプリを実行してテストする

実際にプレビューでフローをテストしてみましょう。稟議をアップロードしてレビューしてもらった後に、質問を入力します。

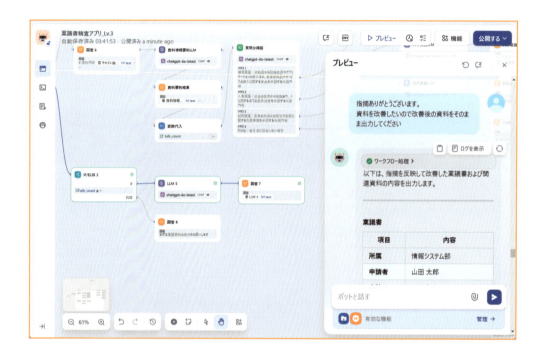

無事に改善案を出力してもらえました。このアプリでチェックして改善案を資料に反映することで、自分だけで資料のブラッシュアップができるようになります。

このようにDifyでは、アップロードしたファイルをレビューするシンプルなアプリから「質問分類器」や「IF/ELSE」などの分岐を加えることで、より実用的なアプリを作り上げることができます。「会話変数」と「メモリ」を使えば、それまでの経緯を踏まえてコミュニケーションを続けることも可能です。

>>> アレンジのPOINT

　質問分類器ノードを活用すると、チャット入力の内容を分類して複数のSYSTEMプロンプトを使い分けるようなアプリが作れます。例えば、用途別にプレゼン資料の骨子を考えてもらい、さらに注文を加えることでブラッシュアップしていくアプリなども考えられます。

▷プレゼン資料の骨子を考えてくれるアプリ

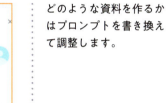
➡ サンプルダウンロード >>> P.217

どのような資料を作るかはプロンプトを書き換えて調整します。

「もっと良くして」などの指示でブラッシュアップもできます。

第 **6** 章

RAGで
自社情報を使った
社内用のナビアプリ

>>> 6-1
社内規定を質問できる
ナビアプリを作ろう

これまでの章では、Difyを使ってさまざまな生成AIアプリケーションを構築してきました。しかし、LLMは主に一般的な情報に精通している一方で、あなたの会社特有の知識や最新の社内情報を必ずしも網羅しているわけではありません。
そこでRAG（Retrieval-Augmented Generation：検索拡張生成）という仕組みを使えば、LLMは外部の知識源（ナレッジ）から情報を取得して回答を生成できます。Difyには、そのナレッジを簡単に登録できる機能があります。
この章では、社内規定やその申請にかかる情報を質問できる社内規定ナビと、新入社員でも営業で契約が取れるセールスアシスタントAIの2つのアプリを作ります。その上でDifyでナレッジを構築する具体的な手順、さまざまなデータソースから情報を取り込み、RAG対応のAIアプリを構築する方法を詳しく解説します。

1 >>> ナレッジの作成を始める

　まずは、RAGのシンプルな活用例として、社内にある各種規定・手続き（育児休暇の取得方法や昇給の条件確認、福利厚生の申請方法など）を参照できる「社内規定ナビ」を作ってみましょう。RAGで引用するナレッジの元となる社内規定が書かれたPDFを、Difyのナレッジとして登録します。

Difyのホーム画面上部から「ナレッジ」タブを選択します。

2 >>> ナレッジの元となるファイルをアップロードする

　今回は「社内規定.pdf」からナレッジを作成しますので、データソースは「テキストファイルからインポート」を選択します。

　その後「テキストファイルをアップロード」と記載されている場所にPDFファイルをドラッグするか、参照からファイルを選択します。ファイルが添付されたら「次へ」ボタンがクリックできるようになります。

➡ サンプルダウンロード >>> P.217

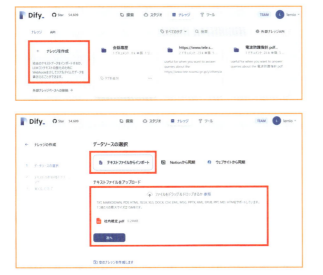

「ナレッジを作成」をクリックします。

「テキストファイルからインポート」を選択して、ファイルをアップロードし「次へ」をクリックします。

Tips >>> 「Notionからの同期」と「Webサイトからの同期」

　DifyはNotionとの連携機能を備えており、既存のNotionページやデータベースを直接ナレッジベースとして取り込めます。例えば、社内WikiがNotionで管理されている場合、その内容をDifyへ同期することで、常に最新の規定や手順情報をAIアプリから参照可能になります。初回設定と認証後は、Notion上で更新された情報が定期的にDifyへ反映され最新の情報でナレッジに登録されます。

　また「Webサイトからの同期」を選択すると、自社サイトや特定の公開Webページから Firecrawl や Jinareader を用いてデータをクローリングし、Difyのナレッジベースに反映することも可能です。これによりAIアプリでプレスリリース、製品マニュアル、公開FAQなどの情報を踏まえた回答が可能となります。

153

3 >>> ナレッジの設定を行う

「テキストの前処理とクリーニング」画面では、チャンクの設定やチャンクの検索方法などを設定するステップとなります。チャンクとは、ナレッジに登録する文章を一定量の文章に区切った塊のことで、RAGではそのチャンクを検索して中の文章を取得します。

項目	設定する内容
チャンク設定	汎用
インデックスモード	高品質
埋め込みモデル	text-embedding-3-large
検索設定	ハイブリッド検索（ウェイト設定）
トップK	3
スコア閾値	未設定（グレーのまま）

表に従い各種項目を設定します。

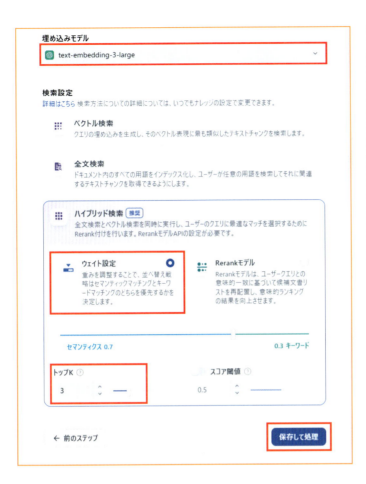

設定し終わったら「保存して処理」をクリックします。

ナレッジの作成が完了したら「ドキュメントに移動」をクリックします。

4 >>> チャンクの内容を確認する

ナレッジ内に登録されているドキュメントファイル一覧が表示されます。ドキュメントを選択すると、そのドキュメントのチャンク情報を確認できます。

登録したドキュメントをクリックします。

これでナレッジの登録は完了です。ここまでは前段の処理なので、実際にこのナレッジをチャットフローに組み込んで社内規定ナビアプリを作成しましょう。

5 >>> チャットフローの作成を始める

スタジオの画面に戻り、アプリを最初から作成してチャットフローを選択します。アプリの名前は「社内規定ナビ」と入力します。

アプリを「最初から作成」し「チャットフロー」を選択します。

6 >>> アプリの作成を始める

ナレッジさえ登録してしまえばDifyで単純なRAGアプリを作るのは非常に簡単です。チャットフローの開始ノードの次に、知識取得ノードを挿入します。これは先ほど登録したナレッジからクエリに沿った知識（チャンク）を取得するノードです。

「開始」ノードの後ろの線をクリックして「知識取得」を選択します。

7 >>> 「知識取得」ノードを設定する

「知識取得」で設定が必要なのは、ナレッジの部分です。「＋」マークをクリックしてこのアプリで情報を抽出したいナレッジを選択します。

「ナレッジ」の「＋」をクリックします。

先ほど登録した「社内規定.pdf」を選択して「追加」をクリックします。

「知識取得」ノードが参照するナレッジを設定できました。

8 ≫ LLMノードを設定する

　このままだと知識取得してもそれが利用されない状態となっていますので、LLMノードで取得したナレッジを設定して、ナレッジを踏まえた回答をするようにします。

　「コンテキスト」に「知識取得」ノードのresultを設定します。コンテキストとは、回答を生成するときに参考にさせる知識のことです。

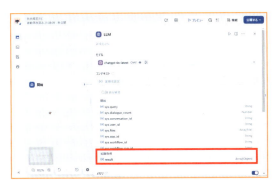

LLMノードの「コンテキスト」で「知識取得」の「result」を選択します。

コンテキストにナレッジの結果が選択されました。

　LLMノードのシステムプロンプトに、このコンテキストを引用するように反映します。{x}の候補にコンテキストが追加されていますので、それを選択します。

プロンプトの「{x}」をクリックして「コンテキスト」を選択します。

システムプロンプトに「コンテキスト」が追加されました。

9 >>> アプリを実行してテストする

これだけでも簡易的なRAGシステムは構築できました。知識取得が正常に動作するかテストしてみましょう。プレビューを選択し「残業申請のやりかた」と入力します。

プレビューで「残業申請のやりかた」と入力します。

元データのPDFに記載されているとおり、時間外労働の申請方法についての回答が得られたら成功です。実際にどのような情報（チャンク）が取得されたのかを確認するには、回答の最後にある「引用」をクリックします。

「引用」にあるファイルをクリックすると、参照されたチャンクを確認できます。

これで、社内規定に関することを的確に回答してくれる社内向けボットの完成です。このように、コーディングをすることなく、あっという間にRAGシステムの構築ができることがDifyの強みです。

160

Tips >>> ナレッジの設定項目

　ナレッジの設定には「チャンク設定」「インデックス方法」「埋め込みモデル」「検索設定」があります。それぞれの設定項目を説明します。

チャンク設定

チャンク識別子	文章をチャンクに分割するときの区切り文字の設定です。例えば「###」や2重改行（¥n¥n）などを選択すると、その文字が現れるたびにテキストを分割します。 PDFテキストは改行区切りが基本。実際にテキストがどのように出力されるかプレビューを見て判断します。
最大チャンク長	チャンク1つあたりの文字数を指定します。 この値を小さくすると、チャンクが細かく分かれ、検索の精度向上が期待できますが、ヒットしなかった場合は文脈が断片的になりやすいです。 最大チャンク長を大きくすると広く文脈を取得することが可能になりますが、関連のない情報まで含まれる可能性が増えます。 章節が短ければ小さめ、説明が長い場合は少し大きめに設定することもあります。
チャンクのオーバーラップ	隣接するチャンク間で重複させる文字数を設定します。 重要な情報が、チャンクの境界で分割されてしまう場合にそれを保管する役割があります。 10〜20%の重複があると、チャンク間の意味的なつながりが保たれやすいです。
テキストの前処理ルール	空行・余分なスペース削除：テキスト中の連続した空白や無意味な改行を削除します。 URL・メールアドレス削除：紛らわしいURLやメール情報を除くことでノイズを減らせます。

インデックスモード

「高品質」モード	「高品質」モードでは、OpenAIなどが提供する高精度な埋め込みモデル（Embedding Model）を利用します。埋め込みモデルとは、チャンクのテキストを意味として数値の並び（ベクトル）に変換する技術です。これにより、ユーザーの曖昧な質問がチャンク内のキーワードを含まずとも、似たような意図を持つ文書を検索できるようになります。 ただし、この方法はナレッジ作成時に埋め込みモデルのトークン消費に応じた追加コストが発生することに注意してください。
「経済的」モード	一方「経済的」モードではキーワードインデックス方式を用います。キーワードインデックス方式では、文章中に含まれる単語そのものを手掛かりに検索するため、コストは抑えられますが「猫」と「キャット」のような「同じ意味だが違う単語表現」というケースには弱くなります。

第6章　RAGで自社情報を使った社内用のナビアプリ

埋め込みモデル

各種モデル	単語や文章の「意味」を数値の並び（ベクトル）に変換する仕組みです。人間には「猫」と「キャット」が同じような意味だとわかりますが、コンピュータにはこれらの意味の類似性がわかりません。そこで、意味が近い言葉は似たような数値の並び（ベクトル）になるよう変換することで、コンピュータに意味の近さを理解させることができます。経済的モードでは検索精度が落ちる可能性があるので、基本的には高品質モードを選択し、埋め込みモデルは OpenAI の「text-embedding-3-large」を使用します。

検索設定

ベクトル検索	チャットに入力した質問（クエリ）もベクトル化して、ナレッジの中から類似度が高いチャンクを抽出する、埋め込みモデルを活用した検索方法です。
全文検索	キーワードインデックス方式を活用した検索方法です。
ハイブリッド検索（ベクトル＋全文検索）	両者を組み合わせ、ベクトル検索と全文検索それぞれでチャンクを取得します。取得したチャンクとクエリの類似度を Rerank モデルまたはベクトル・全文検索の割合で再度スコアリングして、引用するチャンクの順番を並び替えて上位のチャンクのみを抽出することで最適なチャンクを選びます。
TopK	類似度上位 K 件のチャンクを取得します。例えば TopK=3 なら最も関連性の高い 3 つのチャンクのみを返します。
スコア閾値	チャンクの類似度スコアがこの値以上の場合のみ返す。例えば 0.5 に設定すると類似度スコアが 0.8 や 0.59 などのチャンクは残り、0.3 など 0.5 以下の類似度スコアのチャンクは排除されます。
Rerank モデル（オプション）	Rerank モデル（Cohere や Jina など外部 Rerank サービス）は、ベクトル検索やキーワード検索後に結果を再度並べ替え、ユーザーの質問に最も合うテキストを上位に持ってきます。Rerank を使えば、複数の検索結果から最も関連性が高い結果を常に上位に表示でき、回答品質が向上します。これを有効化するには、モデルプロバイダーで Rerank モデルの API キーを設定します。

Tips >>> 画像やグラフは読み取れる?

　ドキュメントに含まれる画像やグラフの内容を読み取ることはできません。しかし外部のナレッジ API を利用すると、それらの情報を読み取ることも可能です。

　企業の決算情報などを取り込みたいときは、数字やグラフが画像で入っている決算説明資料ではなく、決算短信などテキストで説明している資料をアップロードすることをおすすめします。

>>> 6-2 より検索精度を高める 親子ナレッジを活用しよう

ここまでで基本的なRAGシステムの構築は完了しましたが、実際の業務で使用していくと「長い文書から必要な情報を正確に抽出できない」「文脈を考慮した回答ができない」「関連する情報をまとめて提供できない」といった問題が出てきます。これらの課題を解決するために、Difyでは「親子ナレッジ」という機能が用意されています。

親子ナレッジは、文書を2つの層に分けて検索する手法です。短いフレーズで構成されている「子チャンク」という小さな単位で検索を行います。質問にマッチした子チャンクを見つけたら、その子チャンクを含んでいる親チャンクごと検索結果として取得することで、ユーザーの質問に対して正確にマッチする情報を見つけることができます。

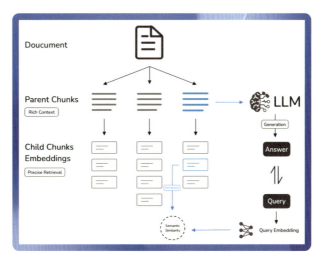

親子ナレッジの概念図（出典：Dify公式ブログ）

1 >>> ナレッジの作成を始める

　親子チャンクは、製品マニュアルなどの階層的な文書、詳細な手順や規定が含まれる文書、そして文脈理解が重要な営業資料など、さまざまな場面で効果を発揮します。ここでは、親子ナレッジの特徴を生かしたセールスアシスタントAIを作成していきましょう。まずは営業資料をナレッジとして登録します。今回は、製品カタログ、提案事例集、価格表という3種類の資料を使用します。これらの資料は、それぞれ異なる役割を持っています。

　先ほどと同様に「ナレッジを作成」をクリックして「データソース」を「テキストファイルからのインポート」を選択し、3種類の資料をアップロードします。

Difyのホーム画面上部から「ナレッジ」タブを選択して「テキストファイルからのインポート」をクリックします。

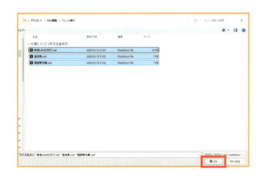

Shiftキーを押しながら複数のファイルを選択して「開く」をクリックします。

ファイルがアップロードされたことを確認して「次へ」をクリックします。

2 >>> チャンクの設定を行う

　テキストファイルをアップロードしたら、チャンクの設定を行います。先ほどとは違い「親子」チャンクを選択します。

チャンク設定の画面に遷移するので、「チャンク設定」で「親子」を選択します。

　「コンテキスト用親チャンク」という項目で「段落」か「全文」のどちらかを選択する必要があります。ここでは「全文」を選択します。

「全文」を選択します。

　全文を選択すると子チャンクの設定ができるようになります。チャンク識別子も最大チャンク長も、デフォルト値を使用します。
　「チャンクをプレビュー」をクリックすると、画面右側のプレビュー画面に親チャンクが表示されます。親チャンクの中で「C-1」「C-2」と一文ごとに子チャンクが区切られているのが確認できます。

Tips >>> 「段落」と「全文」の選び方

「段落」と「全文」には、以下の表のような特徴があります。使い分けとしては、何ページもあるPDF資料など1つのファイルあたりの文章量が多い場合は「全文」だと欠落してしまうおそれがあるので「段落」が適切です。

また、使用するLLMのインプットトークン数が少ない場合も「段落」がいいでしょう。

「全文」は、複数ファイルがあり、1つひとつが10,000トークンを超えない文章量の場合や、使用LLMがClaudeやGeminiなどインプットトークン数が大量な場合に適しています。

ただし、システムプロンプトを含めてプロンプト全体の文字数が膨大に増えるとLLMが情報を拾いきれずに無視してしまうこともあります。文章の中から一文を拾い上げる指標で「Needle In A Haystack」(干し草の山の中に落ちた1本の針を探す)というものがあります。Claudeシリーズは比較的この性能が高い印象がありますので、全文を使用する際はClaudeシリーズで文章生成を行うことをおすすめします。

段落	汎用と同様なチャンク識別子で文章を分割していく設定です。
全文	文字通りアップロードされたファイルのテキストすべてを親チャンクとして返します。ファイルごとに親チャンクが作成され、複数ページあるPDFなども全ページ分のテキストが1つの親チャンクとなります。ただし、ファイルの文章量が多すぎる場合はパフォーマンスの理由から最初の10,000トークンだけを親チャンクとして登録します。10,000トークンを超えた残りのテキストは切り捨てられ登録されません。

3 >>> チャンクの設定を行う

　親子チャンクモードでは「知識検索ノード」でユーザーからの質問内容と近い意味を持つ子チャンクを検索して、それが含まれる親チャンクを返します。

　例えば子チャンクの「テレワークでも安全に使いたい」という子チャンクが検索で高スコアでヒットすれば「提案事例集.md」の文章すべてがコンテキストとして返ってきます。このコンテキストをもとにQ＆Aボットなどの作成が可能です。

残りの設定は以下の表のとおりに設定して「保存して処理」をクリックします。

インデックス方式	高品質
埋め込みモデル	text-embedding-3-large
検索設定	ハイブリッド検索（ウェイト設定）
セマンティクス	0.7
キーワード	0.3
トップK	2
スコア閾値	未設定（グレーのまま）

これで、無線LANに関する親子ナレッジを作成できました。
「ドキュメントに移動」をクリックします。

4 >>> セールスAIアシスタントアプリを作成する

　先ほど作成した親子ナレッジを活用して、新入社員でも効果的な商談ができるセールスアシスタントAIを作成していきましょう。このアプリは、顧客のニーズを理解し、最適な製品を提案する営業支援ツールとして機能します。

スタジオの「最初から作成」で「チャットフロー」を選択します。アプリ名は「セールスアシスタントAI」とします。

　このアプリでは、以下の3つの要素を組み合わせて、効果的な営業支援を実現することを目指します。

親子ナレッジの活用	親子ナレッジを活用することで、製品カタログの詳細情報から提案事例、価格情報まで、商談に必要な情報を正確に把握できる点です。例えば、お客様が「セキュリティ面が不安」という懸念を示された場合、製品の具体的な機能説明だけでなく、同様の課題を解決した導入事例も含めて提案できます。
ニーズに合わせた商品の提案	お客様のニーズに合わせて最適な製品を選定し、その製品がなぜお客様の課題解決に適しているのか、競合製品と比較してどのような優位性があるのかを、具体的なメリットとともに説明することができます。これにより、製品の特徴を単に列挙するのではなく、お客様の視点に立った価値提案が可能になります。
よく出る質問と回答例の準備	商談でよく出る質問とその回答例をあらかじめ用意することで、技術的な質問にも的確に対応できます。新入社員でも、ベテラン営業のような円滑な商談進行をサポートできる仕組みを目指しています。

5 >>> 「知識取得」ノードを配置する

それでは、チャットフローの構築を始めていきましょう。まず、開始ノードの次に「知識取得」ノードを配置します。ナレッジは先ほど作成して親子ナレッジの「無線LANカタログ.md」を選択します。

「開始」ノードの次に「知識取得」ノードを追加します。
「ナレッジ」には参照させたい情報元のファイルを選択します。

次に「LLM」ノードの設定を行います。まずコンテキストに「知識取得」ノードのresultを選択します。そして以下のようなシステムプロンプトを設定します。

「LLM」ノードのコンテキストを選択し、システムプロンプトを入力します。

➡ サンプルダウンロード >>> P.217

入力するプロンプト

あなたは新入社員でもプロの営業マンとして商談可能となる商談を熟練した営業教育担当者です。お客様のニーズに基づき、最適な無線LANルーターを提案し、提案理由を説明してください。

製品提案にあたっては、お客様のニーズを満たす具体的な機能を挙げてください。必要に応じて競合製品との優位性を簡潔に述べ、カタログ内の商品をどう魅力的に提案するかを考慮します。

Steps
1. **ヒアリング**：お客様のニーズや使用環境について詳しく聞き取ります。
2. **製品選定**：お客様のニーズに基づき、最適な無線LANルーターを選定します。
3. **提案理由の説明**：選んだ製品のどの機能がどのようにニーズを満たすかを説明します。
4. **競合比較**：必要に応じて、競合製品との比較を通じて選定製品の優位性を述べます。
5. **営業トークの作成**：上記の情報をもとに、お客様が商品を欲しくなるような営業トークを作成します。

> 回答の準備方法を指定する

Output Format
商談の途中でお客様からの要望を聞いた後にベストな提案を行う場面での営業トークとしての文章。
お客様が納得し商品を欲しくなるよう魅力的で説得力のある表現を心掛けてください。
営業トークの他に、その後の派生トークスクリプトでお客様からの想定質問を5個程度出力し、その返答を出力してください。

> 回答の例を提示する

Examples
- **ユーザー入力**：「オフィス環境で高速で安定した接続を提供できるものを探しています。」
- **出力例**：
- 提案製品：[製品名]
- 提案理由：「[製品名]は、7つの高性能アンテナと最新技術による高速通信を実現し、複数デバイス接続時でも安定した通信を保証します。競合の[競合製品名]と比較して、より広範囲をカバーします。」
- 営業トーク：「この[製品名]は、オフィスのどこにいても高速で安定したインターネット接続を提供します。特に複数デバイスを使用しているビジネス環境に最適な選択で、どのような状況でも作業効率を最大化します。」
- 続きの派生トークスクリプト：お客様「他にはどんな商材があるのですか？」 営業「はい、その他の提案ですと[製品名2]がおすすめです。こちらは[製品名1]より性能は落ちますが、その分価格が抑えられています。」

Notes
- 提案は具体的で、顧客にとって重要な価値を強調してください。
- 用語の使用はわかりやすく、提案する製品のメリットを簡潔に伝えることを心掛けてください。

社内資料
コンテキスト

6 >>> 「回答」ノードを作成する

最後に回答ノードで「LLM/{x}text」を選択しましょう。チャットフローは、デフォルトで回答ノードの出力として「LLM/{x}text」が設定されています。

「回答」ノードに「LLM/{x}text」が設定されていることを確認します。

画面右上の「公開する」を選択して保存したら、完成です。

7 >>> アプリを実行してテストする

それでは、実際にセールスアシスタントAIの動作を確認してみましょう。プレビューをクリックして、チャット欄に以下のような質問を入力します。

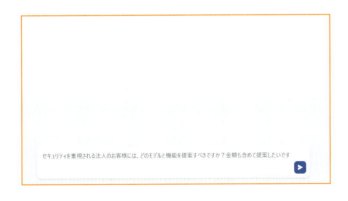

セールス担当者の立場から質問を入力します。

すると、チャットボットは親子ナレッジから関連情報を抽出し、以下のような営業トークを生成してくれます。

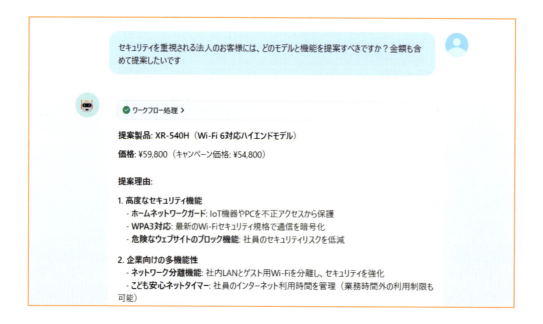

　提案商材の情報を抽出してから、営業トークを出力してくれました。

　それだけではなく、その後の会話の続きで顧客からの質問にすぐさま対応できるような派生のトークスクリプトも一緒に出力されるので、自社製品の知識が乏しい新人営業もこれで安心して商談が可能となります。

　このように、Difyなら自社ならではの情報を親子ナレッジとして登録することで、複雑なコーディングをすることなく、オリジナルで実用的なアプリを作成できます。

Tips >>> 「段落」と「全文」の選び方

v0.15からナレッジノードに「親子検索」がサポートされました。従来のRAGの検索処理で行われていた精度とコンテキストのバランスのよいチャンキング戦略に対して、追加で強力なオプションとして利用可能です。

従来のRAGでは、ナレッジとして利用する長い文章を特定のサイズや改行文字を指定して細かい「チャンク」に分割し、各チャンクの単位で「埋め込みモデル」を利用してベクターデータ形式の埋め込みを取得し、ユーザーからの質問を同じようにベクターデータに変換して取得した埋め込みと類似度を計算することで「質問内容にもっとも意味的に類似したチャンク」を取得して、回答文を作成しています。

このとき問題となるのが、文章の類似度の高いチャンクを取得するために、元の文章をこまかくチャンクサイズを指定して分割すると、類似度が近いと判断されるチャンクの近くのチャンクが取得されず、文章の意味が失われる可能性が高く、逆に、大きいサイズでチャンク分割すると、多数の意味を含むために類似度としての精度を高く検索することが難しいという課題でした。

親子検索はこの問題に対応するために、小さいチャンク単位（検索用子チャンク）に分割してユーザーの質問に対するマッチング率を高めながら、そのチャンクが所属する、より大きな固まり（コンテキスト用親チャンク）をまとめてコンテキストとして取得して回答の生成に利用することができるため、文章全体の意味の喪失を防ぎながら精度高くナレッジを取得することが可能です。

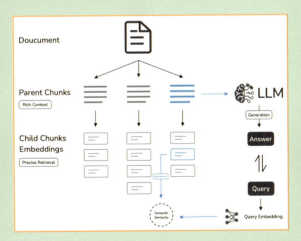

親子分割モードの原理（Dify公式ドキュメント「チャンクモードの指定」より引用）

例えば、契約書を例にした場合、ユーザーの検索対象が「瑕疵担保の取り扱い」などのピンポイントな意図を含む場合「瑕疵担保の定義が含まれる号」と「同一の条文内だが瑕疵担保という単語を含まないが回答生成に必要な『保障条件』を記載した号」をまとめて1つの条文単位の親チャンクとして取得が可能になります。

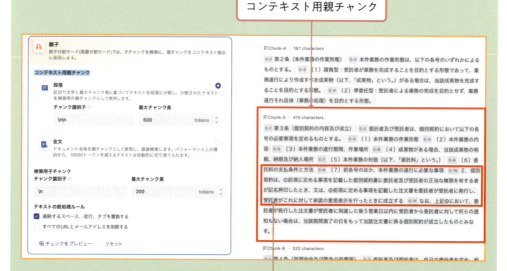

　逆に、ドキュメント内における同一コンテキスト内に含まれる文章が少ないような、例えばFAQのような文章の場合は、1つの質問と答えのセットが含まれるチャンクサイズで従来どおり埋め込みを取得してインデックスするほうが、余計な周辺の文章を取得せず、ピンポイントな回答を生成できる可能性が高いので、ドキュメント内の文章のコンテキストの長さに合わせて使い分けをするといいでしょう。

第 章

プラグインを活用して
Slackから
RAGを利用するアプリ

>>> 7-1
Slack botプラグインを
インストールしよう

Difyは、バージョン1.0.0でプラグイン機能が追加されました。プラグイン機能を使うと、標準ではサポートされていない機能や外部サービスとの連携機能をDifyに追加できます。ここでは、公式で公開されている「Slack Bot」プラグインをインストールして、SlackからDifyのアプリを利用できるようにしてみましょう。

Difyのプラグイン機能とは

　v1.0.0で新しく追加された目玉機能が「プラグイン」です。プラグインは、Difyでデフォルトにサポートされていないチャットツール連携や外部APIといったツールを、Difyのアプリ内から利用可能にする強力な拡張機能です。

　個人でも簡単に開発して利用することができ、評判がよければDify公式のマーケットプレイスに公開することも可能です。

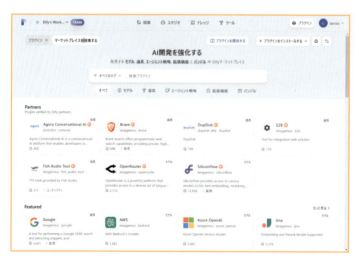

マーケットプレイスにはすでに多くのプラグインが公開されている

1 ≫ プラグイン画面を表示する

まずは、プラグインの画面を表示します。右上にある「プラグイン」をクリックしましょう。ここにはインストール済みのプラグインが一覧で表示されます。

Difyのホーム画面上部から「プラグイン」をクリックします。

「マーケットプレイスを探索する」をクリックします。

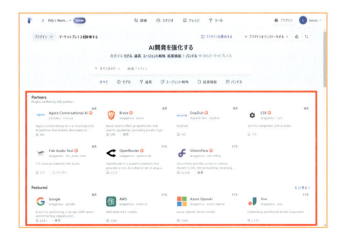

インストール可能なプラグインの一覧が表示されます。

2 >>> Slack botをインストールする

今回は「Slack Bot」をインストールします。「Slack Bot」にマウスカーソルを合わせると「インストール」「詳細」と表示されるので「インストール」をクリックして、自分のDify環境に「Slack Bot」プラグインをインストールします。

「Slack bot」の「インストール」をクリックします。

確認の画面で「インストール」をクリックします。

プラグインのライブラリ画面に戻ると「Slack bot」がインストールされていることを確認できます。

>>> 7-2

Slack botプラグインを設定しよう

プラグインをインストールできたら、早速Slack Botの設定を行います。ここで
は、Slack側のサーバーの準備およびbotを追加可能な権限はすでに付与されてい
る前提で進めます。

1 >>> プラグイン画面を表示する

　プラグインを有効にするには、Slack側で設定が必要です。ブラウザーで以下の
URLを開いて「Create New App」から新規でSlackアプリを作成します。ここでは例
としてSlackの設定を行いますが、プラグインによってそれぞれのサービス側での設
定が必要になります。

https://api.slack.com/apps

Slack APIにログインし
て「Create New App」を
クリックします。

マニフェストファイルか
ら作成するか、スクラッ
チ（ゼロから）作成する
かを聞かれたら下の
「From scratch」を選択
します。

第7章 プラグインを活用してSlackからRAGを利用するアプリ

179

2 >>> アプリ名とワークスペースを設定する

　次にこのアプリの名前と呼び出すSlackのワークスペースを選択します。今回は第5章で作成した「社内規定ナビ」を後ほど設定するので、名前も同じものにしておきます。下の項目Difyのbotを使いたいワークスペースを選択します。

アプリ名とワークスペースを設定して「Create App」をクリックします。

　すると以下のような画面が表示されます。英語だらけでわかりづらいですが、Slackアプリの設定を行っていきましょう。

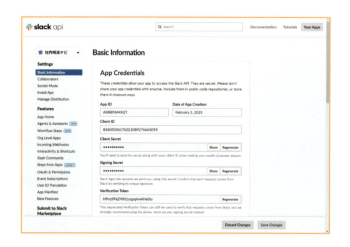

Slack側でアプリの設定を進めます。

3 >>> Slackで回答するボットのユーザー名を設定する

アプリの表示名を設定します。左側のメニューから「App Home」を選択しましょう。ここで設定した内容が、回答するボットの名前とユーザー名になります。

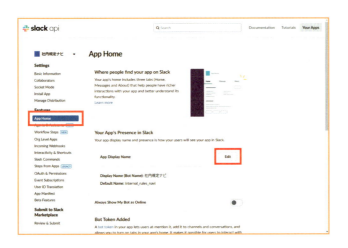

「App Home」を選択して「App Display Name」の「Edit」をクリックします。

「Display Name（Bot Name）」に「社内規定ナビ」と入力し、「Default username」には「internal_rules_navi」と設定しましょう。

両方設定したら「Save」をクリックします。

4 >>> Webhookを有効にする

　Slack botアプリでは、Webhookという仕組みを使います。デフォルトではオフになっているので、設定からオンに切り替えましょう。

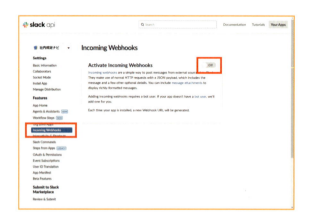

「Incoming Webhooks」を選択してWebhookのスイッチをオンにします。

5 >>> Scopeを設定する

　続いて「OAuth & Permissions」で権限を選択します。スクロールして「Scopes」からScopesの設定を行います。Scopesとは権限のことを表します。「Add an OAuth Scope」をクリックするとScopesの権限一覧が出てくるので、次ページの項目を追加していきましょう。

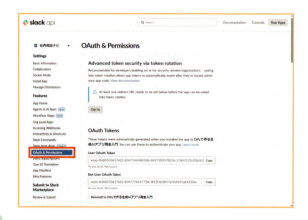

「OAuth & Permissions」を選択して下にスクロールします。

「Add an OAuth Scope」をクリックして以下の表の項目を追加します。

項目	設定する内容
Bot Token Scopes	app_mentions:read
	assistant:write
	chat:write
	chat:write.public
	groups:history
	groups:write
	im:history
	im:read
	im:write
	incoming-webhook
User Token Scopes	im:history

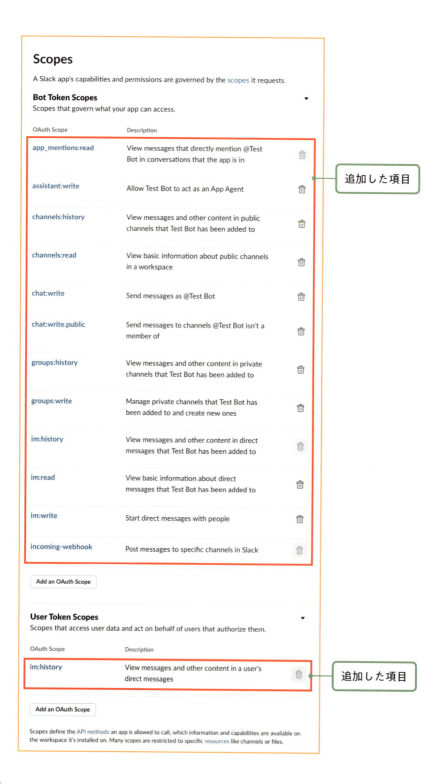

6 >>> アプリをワークスペースにインストールする

アプリをSlackのワークスペースにインストールします。権限の確認画面が表示されたら許可を選択すると、選択したSlackワークスペースに「社内規定ナビ」アプリがインストールされます。

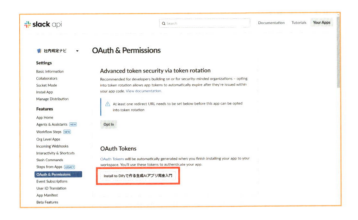

「OAuth Tokens」メニューにある「Install to（ワークスペース名）」をクリックします。

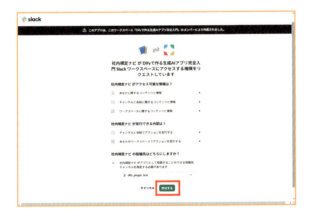

「許可する」をクリックします。

Slackの「App」欄にアプリが追加されました。

7 >>> Bot User OAuth Tokenをコピーする

　アプリの設定画面に戻ると、先ほどの「OAuth Tokens」の項目に「User OAuth Token」と「Bot User OAuth Token」が追加されました。「Bot User OAuth Token」をコピーして、Difyの設定画面に移動します。

追加された「Bot User OAuth Token」をコピーします。

8 >>> プラグインの設定項目を表示する

　Difyのプラグイン画面で「ENDPOINTS」の右側の「+」ボタンをクリックして、プラグインの設定項目を表示します。

Difyのプラグイン画面で「ENDPOINTS」の右にある「+」をクリックします。

9 >>> エンドポイントを設定する

「エンドポイント名」は「社内規定ナビ」とします。「Bot Token」は先ほどコピーした「Bot User OAuth Token」を貼り付けます。「再試行を許可」は「False」のままで「アプリ」は5章で作成した「社内規定ナビ」を選択します。これでDify側にSlackアプリの情報が登録されました。

「Bot Token」にさっきコピーしたトークンを貼り付けて、エンドポイント名とアプリを設定したら「保存」をクリックします。

10 >>> POST URLをコピーする

「社内規定ナビ」のエンドポイントが作成されたので「POST」と書いてある横のURLにカーソルを合わせてコピーしましょう。今度は、Slackアプリ側にDifyプラグインの情報を登録する必要があります。

「POST」のURLの右にある「コピー」をクリックします。

11 >>> イベントを有効にする

Slackアプリの画面に戻って「Enable Events」のトグルをオンにします。この操作をすることで、Slack内の発言をイベントとしてDify側で受け取れるようになります。

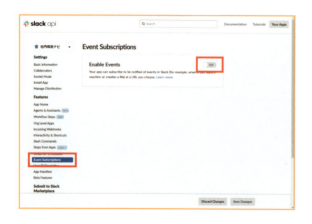

「Event Subscriptions」を選択し「Enable Events」をオンにします。

12 >>> POST URLを貼り付ける

「Request URL」という項目が現れるので、そこに先ほどコピーしたDifyのエンドポイントのPOST URLを貼り付けます。これはDifyの受け口となるURLです。

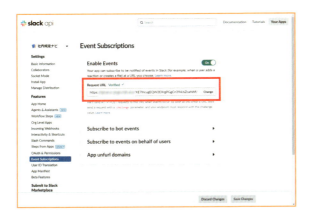

「Request URL」にDify側でコピーしたPOST URLを貼り付けます。

13 >>> イベントを設定する

最後に「Subscribe to bot events」と「Subscribe to events on behalf of users」を設定していきます。これはSlakc botが受け取り可能な、botに対するメンションなどのイベントの種類です。「Add Bot User Event」から次ページの項目を追加してください。

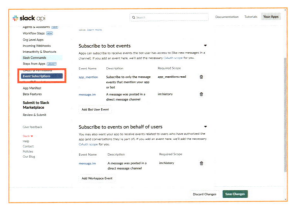

「Event Subscriptions」を選択します。

「Add Bot User Event」を
クリックして以下の表の
項目を追加します。

項目	設定する内容
Subscribe to bot events	message.im
	app_mention
Subscribe to events on behalf of users	message.im

14 >>> イベントを設定する

　イベントが追加（権限スコープが追加）になったのでアプリの再インストールが必要です。「OAuth Tokens」の最下部にある「Reinstall to（ワークスペース名）をクリックして、ワークスペースに再インストールします。

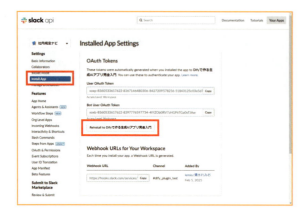

「Install App」から
「Reinstall to（ワークスペース名）」をクリック
します。

15 >>> SlackからDifyアプリを呼び出す

　これでSlackアプリの設定は完了です。Slackのチャットから、Difyの「社内規定ナビ」を呼び出せるようになっています。実際にSlackの任意のチャンネルからボットに「@」でメンションを付けてチャットを打ってみましょう。

Tips >>> 業務で使うならSlackやLINEとの連携が有効

　せっかくアプリを作っても、使ってもらえなければ意味がありません。SlackやLINEといった普段から皆が使っているツールから利用できるようになることで、利用率は数倍にアップします。Difyと外部ツールを連携する際は、ツール側の管理者権限が必要になります。

16 >>> アプリの動作を確認する

　そのチャンネルで最初の呼び出しのときのみ「アプリをチャンネルに招待しますか?」と確認画面が出てくるので招待します。これでチャットが可能になります。同様に「@」のメンションを付けてボットに質問をして、Difyのアプリから正常に回答が返ってくるか確認しましょう。

　このようにDifyのプラグインを活用すると、標準以外の機能を自由に追加できます。ここではSlackとの連携機能を追加したことで、いちいちDifyのアプリ画面を開かずとも、Difyで作成したRAGシステムをSlackから簡単に利用可能になりました。

>>> アレンジのPOINT

　プラグインのインストールは、マーケットプレイスのほかにも、GitHubやローカルパッケージからのインポート方法があります。

　GitHubに筆者が作成した「Excelファイルを直接更新するプラグイン」をアップロードしていますので、興味がある方はインポートしてみてください。

➡ サンプルダウンロード >>> P.217

「プラグインをインストールする」から「GitHub」を選択します。

▷Excelファイルを直接更新するプラグイン

https://github.com/Olemi-llm-apprentice/dify-plugin-excel-cell-operation-tool

URLを入力して「次」をクリックします。

最新のバージョンを選択して「次」をクリックします。

「インストール」をクリックします。

インストール元に「GITHUB」と表示されます。

　プラグインのインストールができたら、試しに、第4章で作成した見積書アプリを再度作成してみます。

見積書のプロンプトで「Excelファイル形式のフォーマットで出力すること」と指示します。

Excelファイルをダウンロードできるリンクが表示されました。

　プラグインで機能を追加したことにより、LLMの結果をコピペすることなく更新されたExcelファイルがダウンロードできるようになりました。

　GitHubでDifyのプラグインを探すときは「dify-plugin」などで検索するとヒットします。AzureのDocument Intelligenceやkintoneに対応したプラグインなどが公開されています。

　ただし、GitHubには悪質なリポジトリも存在するので、必ず信頼できるプラグインか確認してください。身元が不明なプラグインはインポートしないように注意しましょう。

第**8**章

Difyのセキュリティを
理解して安全に使う

>>> 8-1
アプリの公開状態を管理しよう

Difyのアプリは、アプリを作成開始した時点でそのアプリに対してパブリックにアクセス可能なURLが割り当てられます。その後、明示的に「公開する」をクリックすることで、そこまで作ったアプリが最新の状態で公開されます。その後、さらに編集した場合も「更新」（「公開する」が2回目以降は「更新」に変わります）を押すまでは編集前の状態で公開され続けますので、忘れずに「更新」をクリックして、都度最新の状態にする必要があります。

公開済みのアプリの状態を確認する

　公開済みのアプリの状態やURLは「公開する」または「更新」の下にある「アプリを実行」をクリックして実際にアクセスしてみるか、左パネルの「監視」を選択すると確認できます。「監視」では、公開URLだけでなくアプリの実行状態や履歴も確認できます。

左側のメニューの下にある「管理」をクリックします。

アプリの公開を停止する／URLを変更する

　一度公開したアプリの公開を停止したり、事情により公開URLを変更したりしたい場合は、同じく「監視」画面から操作が可能です。「稼働中」と表記されてる隣のトグルをオフにすると、アプリの公開を停止することもできます。

　また、公開URLの右にある更新のマークをクリックすると、URLが再作成されます。

▷「監視」画面から操作する場合

「稼働中」のトグルでアプリの公開状態を切り替えられます。

更新のマークをクリックすると現在の公開URLが無効になり、URLが再作成されます。

▷アプリのアイコンから操作する場合

「監視」画面以外にも、アプリのアイコンをクリックすると公開と非公開を切り替えるトグルを素早く表示できます。

>>> 8-2

Difyのセキュリティと コンプライアンス

この章では、Difyのセキュリティとコンプライアンスについて説明します。Difyは活発に開発されているオープンソースソフトウェアであり、その開発元であるLangGenius社はセキュリティ強化に力を入れています。本章では、Difyのセキュリティ対策と導入モデルについて説明し、エンタープライズ環境での安全な導入と運用に必要な基礎知識を提供します。

いままでの章と違い、やや専門的な解説が増えますが、安全にDifyを利用してAIの変革を進めていくう上で大事なことなので、できるかぎり利活用の面で障害となりうるトピックも省略せずに解説をおこないます。社内で本格活用しようと思ったとき、システム担当者や法務担当者の判断材料が必要になる場合に、その一助となればと思います。

はじめに著者としての見解・結論

Dify Cloudとその運営元企業グループにおいては、マルチテナントSaaSとして十分なセキュリティやコンプライアンスへの対応とその運営体制が確立されていると思われます。また、懸念がある場合にもユーザーに選択可能なオプションが豊富に用意されており、どのようなケースにおいてもDify自体を採用することは可能です。ただし、最終的な判断はコンプライアンスやライセンスのドキュメントを自身で読んで、しっかりと判断してください。

Dify Cloudのセキュリティとコンプライアンス

▷コンプライアンスに関する第三者認証への対応

Difyはユーザーデータの安全性を重視しており、本書で利用したDify Cloudサービスに関してセキュリティ認証の取得を進めています。2024年10月にSOC 2 Type 1 レ

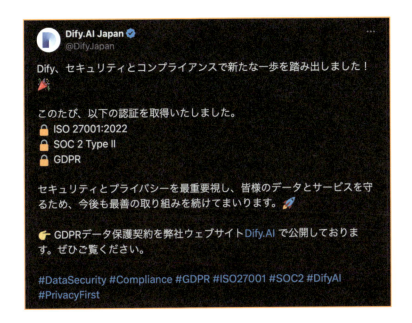

ポートを取得済みで、2025年2月[1]にはISO 27001:2022の認証とSOC 2 Type 2レポートを取得済みです[2]。

また、2025年2月にはEUのGDPR（一般データ保護規則）に準拠したデータ管理に対応しました。Difyを利用して個人データを処理するために必要なデータ処理契約（DPA）も個別に締結が可能になっており、これにより、米国AWSのリージョン内でのみデータを保存・処理することが契約上保証されます。

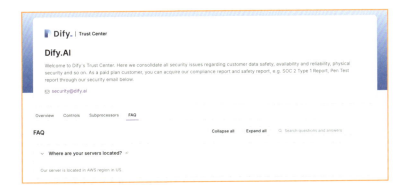

1) X - Dify Japan https://x.com/DifyJapan/status/1889178170198523980
2) Trust Center - Dify.AI https://security.dify.ai/

▷セキュリティ対策の概要

　Dify Cloudでは複数の堅牢なセキュリティ対策が実施されています。サービスは米国AWS上で運用され、データの保管場所も米国リージョンに限定されています[3]。

　ユーザーデータへのアクセスはごく限られた担当者に限定され、事前の厳格な承認プロセスを経る必要があります[4]。また、ペネトレーションテスト（侵入テスト）やセキュリティ監査も実施されており、SOC2監査レポートやペンテスト結果は有償プラン契約者に限りTrust Centerのページから取得する方法が案内されています[5]。

▷オープンソースによる透明性

　DifyのコードはGitHubでオープンソースとして公開されています。そのため、Dify Cloudのセキュリティ実装もコミュニティからレビューを受けられるため、透明性が確保されています。クラウド版のセキュリティに懸念がある場合には、利用者自身がコードをレビューしたり、自社環境にセルフホスト版をデプロイして利用するといった選択肢も用意されています。セルフホスト版では基本的に外部への通信を極力排除した設計となっており、管理者が明示的にバージョンチェックを実行するための通信を除き、Dify Cloudサーバーへの通信は発生しません[6]。

　このように、クラウド版・セルフホスト版いずれの場合も、ユーザーのデータとプライバシーを保護するため多層的なセキュリティ対策が講じられています。

Difyの誕生経緯

　Difyの運営元企業は2023年3月に中国の蘇州で「苏州语灵人工智能科技有限公司（以下Yuling Technology）」として設立されました[7]。創業者はCEOのLuyu Zhang（张路宇）氏で、同氏にとってDifyは2度目のスタートアップ事業となる新進気鋭の企業です。

　Zhang氏は语灵科技を創業する前はTencent CODING DevOpsチームで製品開発

3) User Agreement | Dify https://docs.dify.ai/policies/agreement
4) Dify Data Breach Insights | restack.io https://www.restack.io/p/dify-answer-data-breach-cat-ai
5) Trust Center - Dify.AI https://security.dify.ai/
6) User Agreement | Dify https://docs.dify.ai/policies/agreement
7) AI開発プラットフォーム：Dify.AI https://tsingtaoai.com/newsinfo/7442817.html

と運用保守を担当しており、ChatGPTをはじめとする大規模言語モデル（LLM）が急速に発展する中で、「より簡単にAIネイティブなアプリケーションを構築できるプラットフォーム」へのニーズが高まっていることを感じ、開発者がLLMを活用したアプリを作る際に直面する様々な困難（例えばデータ前処理やプロンプト設計、ベクトルDBなどミドルウェアの選定、LLM特有の課題であるハルシネーション・応答遅延への対処など）を包括的に解決できるプラットフォームを提供するために、CODING DevOpsチームのメンバーを含む、同じ志を持つ友人・知人ら16名とともにDifyの初期の開発チームを結成しました。

　2023年2月に創業準備を始めたチームの当時のミッションは、「開発者やノーコーディングユーザーでも高度なAIアプリを迅速に構築できるようにする」ことでした。このためにDifyはバックエンド基盤からLLM運用（LLMOps）までオールインワンで提供し、ユーザーがインフラ構築や複雑なLLM制御に煩わされず、アイデアの実現と継続運用に集中できるよう設計しました。プロダクト名である「Dify」には「Define + Modify」という意味が込められており、「AIアプリを定義して継続的に改良していく」というビジョンを表現しています。また「Do It For You」の意味合いも持たせ、ユーザーの代わりにLLMアプリケーション開発の複雑な処理を担うプラットフォームであるというビジョンも表現しています。これらの思想により、Difyの大きな特徴である、ビジュアルで操作できる直感的なUIや、LLMのAPIをラップして統合的に取り扱える機能を盛り込むことで、ユーザーの開発生産性を向上させる基本機能を備えることになりました。さらにこれらのコードは当初からオープンソースと

して公開することで、コミュニティを通じたフィードバックや積極的なユーザーによる追加機能の作成とソースコードへの取り込みがおこなえる透明性と拡張性の高いプロダクト運営方針としてスタートしました。

2023年5月に初版が公開された当初は、当時とくに注目の高かったRAG（Retrieval-Augmented Generation）を活用したチャットボット機能やテキストジェネレーター機能がまず提供されました。この社内データ検索対応チャットボットは公開直後から注目を集め、開発者コミュニティで話題となりました。2024年には、より汎用的で柔軟なワークフロー機能をリリースし、GUI上でノードを繋いでエージェントやツールを組み合わせる複雑なAI処理のオーケストレーションを実現しました。

※本書では昨今の「複雑なLLMワークフローの実現」ニーズに焦点を当てているためワークフローと類似でさらに高度なメモリ利用なども可能なチャットフロー機能を中心にサンプルアプリケーションを開発する解説をしました。

▶Difyコミュニティの爆発的な成長

Difyはオープンソースとして2023年5月にソースコードを公開して以来、非常に急速なスピードで開発コミュニティ・ビジネスともに成長を遂げています。開発コミュニティは公開直後の1週間で、まだ十分なREADMEがない段階からGitHubのスター数が早くも700を超え、多くの支持を集めました。その後も星の数は増え続け、2025年2月現在のスター数は約66,000に達しており、世界のLLMプラットフォームの中で最も速い成長を遂げたツールの一つと評価されています。

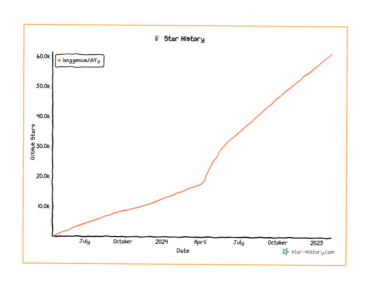

機能拡充の速度やリリース頻度も非常に高く、平均して週に1回程度のアップデートをいまだに継続しています。筆者もユーザーですが、バージョンアップにおける破壊的変更（例えばDBマイグレーションを伴う変更など）もかなり少なく、大型リリースの前には十分な時間をかけて検証プロセスとレビューをおこなっていることがわかり、構成管理やリリース管理に対する高い品質意識を感じます。

　2023年5月の初版公開以来、約1年半でバージョン番号はv0.xからv0.15まで積み上がってましたが、ついにこの2025年3月にGA（安定版）となる v1.0.0のリリースがされました。この安定版では前の章でも説明したとおり、プラグイン拡張機構としてサードパーティが独立パッケージとしてDifyに機能追加できる仕組みも提供開始しました。このようにプロダクトの機能拡充スピードは非常に速く、次々と新機能・改善がリリースされています。Difyチームは利用者からのフィードバックや最新のLLM技術動向を迅速に取り入れており、短期間でWorkflowビルダーや高度なRAG検索エンジン、安定したAgentフレームワーク、マルチモデル対応などを実装してきており、いまだにそのスピードが衰えていない点は特筆に値します。この素早い開発ペースにより、ユーザーはプロダクト自体の安定した完成度と、常にアップデートされた機能群を利用できるというメリットを享受できています。

　ユーザー数の伸びも顕著であり、オープンソース版のコミュニティユーザーと、クラウド提供されるDify Cloudユーザーの双方で急速にユーザーベースを拡大しています。2023年5月9日にローンチされたDify Cloudでは、初週で4,000件以上のアプリケーションがユーザーによって作成される盛況ぶりでした[8]。

　オープンソース版についても、Docker HubからのイメージPull数やGitHubのFork数が増加し続けています。Difyチームによれば、公開1年以内のグローバルでのインストール数は40万件以上に達したとされ、個人から企業まで幅広いユーザーがDifyを試用・導入していることがわかります。

▶LangGenius社とYuling Technologyの関係

　前述したとおり、Dify Cloudは米国デラウェアに登記されている LangGenius, Inc. 社によって運営され、プラットフォームはAWSの米国リージョンでホストされています。とはいえ、運営法人グループ自体は創業元のYuling Technology と LangGenius, Inc. が同一企業グループとしてAWSパートナー登録がされており[9]、後

---

8) https://m.okjike.com/originalPosts/646187f5798fa0660b05b649

述する資本政策においても資金調達はYuling Technologyが主体で行われていながら、Dify公式Xにおいては「我々LangGeniusは米国法とデータポリシーを遵守しつつ、コミュニティと協力して本製品を開発・運営している」と明言されている[10] ことから、実質的には開発はYuling Technologyで、Dify Cloudの運営は LangGenius, Inc. で、と役割分担をしながら同一企業グループとして運営されているものと推察されます。

Difyの資本政策

苏州语灵人工智能科技有限公司（Yuling Technology）は、中国・蘇州に拠点を置くスタートアップ企業として登記されており、中国における中国国内投資家からの資金調達や採用活動などはこの法人を通じて行われています。LangGenius, Inc.（米国法人）は海外展開やグローバルサービス提供のための受け皿となっており、CEOのZhang氏自身含めて多くのメンバーが2024年に事業拠点を米国に移し、北米およびグローバル市場での展開に注力し始めています。

▷Yuling Technologyの資金調達状況

Yuling Technologyは創業以来いくつかの資金調達ラウンドを実施しています。公開情報から確認できる主なラウンドは以下の通りです。

• エンジェルラウンド（シード）
2023年7月にDelian Capital（德联资本）およびChina Growth Capital（华创资本）からシード資金を調達したことが報じられています[14]。調達額は非公開ですが、中国メディアによればこの時点で「資金調達額非公開のシードラウンド」が完了しており、Crunchbaseの情報でも同ラウンドにおけるDelian Capitalの出資が確認でき

---

9) LangGenius, Inc. - AWS Partner Network https://partners.amazonaws.com/cn/partners/0018W00002M3CdPQAV/LangGenius%2C%20Inc

10) X https://x.com/dify_ai/status/1788815851145314809

11) 2024.07月｜AI中间层的公司发展到哪里了？https://tsingtaoai.com/newsinfo/7442817.html

12) 阿里云在苏州，投了一位初中都没读完的"90后"! https://www.sohu.com/a/806748323_121007624

ます[13]。Delian CapitalとChina Growth Capitalはいずれも中国の有力ベンチャーキャピタルで、AIやエンタープライズ向けテクノロジー分野への投資に注力しています。このシード投資により、LangGeniusはDify開発の初期費用を確保しました[14]。

- シリーズAラウンド：2024年8月にシリーズAラウンドが実施され、Alibabaグループがリード出資したことが報じられています。このラウンドでは「数千万元人民元」規模（数億円相当）の資金調達に成功し、出資元にはアリババクラウド（阿里云）および深圳のVCファンドである風投俠基金（Shenzhen Venture Capital Xia Fund）などが名を連ねました[15]。

  工商登録情報によれば、この増資に伴いYuling Technologyの登録資本金が約115.79万元から143.63万元へ増加しており、AlibabaクラウドらがAlibabaクラウドらが新たに株主として登記されています。

　後述しますが、現在DifyはDify Cloudや開発コミュニティの成長とともに、エンタープライズ企業向けのDify Enterpriseの開発・販売の推進にも積極的であるため、プロダクトの本格的な商用展開とグローバル市場進出の加速のための準備が整った段階であると考えられます。中国本土のYuling Technology社とLangGenius, Inc.は今後も一体となって、エンタープライズ向け機能開発や、営業・サポート体制の強化、またグローバルでのマーケティングなど、今後の事業拡大もスピーディーに進んでいくことと思われます。

---

13) Dify.AI - Crunchbase https://www.crunchbase.com/organization/langgenius-inc
14) 2024.07月 | AI中间层的公司发展到哪里了？https://tsingtaoai.com/newsinfo/7442817.html
15) 语灵人工智能获数千万A轮融资 https://www.163.com/dy/article/JAOH1RIA05568ESG.html

>>> 8-3

Difyのデプロイメントモデルの違い

Difyの利用方法には大きく分けてクラウド版（Dify Cloud）とコミュニティ版（オープンソースソフトウェアを自分でホストする）の2種類の提供形態があります。両者の主な違いは以下のとおりです。

Dify Cloud（クラウド版）

　ユーザーがサインアップすると自動的に「ワークスペース（＝テナント）」が作成され、そのワークスペース内でチームメンバーを招待したり複数のプロジェクトを管理できます。組織ごとにアカウントを作成してユーザーを招待することで複数ワークスペース（＝テナント）を持ち、組織ごとにデータを分離して利用することが可能です。

　認証方式としてユーザーID/パスワード以外に、GitHubアカウントやGoogleアカウントでシングルサインオンできるため、ユーザーは別々のワークスペースに所属していても、シングルサインオンした上で作業するワークスペースを切り替えて操作することができます。

　Dify Cloudはここまで本書で利用してきたように、AWS米国リージョンでホスティングされており、インフラの用意やソフトウェアのアップデート対応などの運用保守いっさいをLangGenius, Inc.が管理するフルマネージドSaaSとしてサービス提供されます。利用者はサブスクリプションプランを選択し、必要なAPIキーなどを設定するだけで環境構築の手間なくサービスを利用開始できます。

▷Dify Cloudのセキュリティ、コンプライアンス

　また、冒頭で説明したとおり、Dify Cloudとそれを運営するLangGenius, Inc.はSOC 2 Type IIレポート、ISO 27001（ISMS）認証、GDPR対応がされており、それぞれに準拠したレポートや認証の情報、データ処理契約（DPA）を行うことが可能です。

▷Dify Cloudの開始方法

Dify Cloudを利用するには、Dify Cloudの利用規約に同意し、順守する必要があります[16]。ユーザーのデータの所有権はユーザーのものと記載されていますが、それ以外も含めて、熟読した上で契約してください[17]。

例えば、2025年2月現在の利用規約では、契約の主体はユーザーとLangGenius, Inc.であり、国外事業者との国内取引になりますが、LangGenius社として国外事業者申告納税方式に対応していないので、リバースチャージ方式でユーザーが課税対象仕入れとして消費税を納める必要があります。

▷Dify Cloud のサブスクリプション価格

Dify Cloudのプランには、無料／プロ／チームの3種類の価格帯があります。1人で利用する場合は無料で始めることが可能ですが、無料で利用可能なOpenAIのクレジット数、招待可能なユーザーの人数、開発可能なアプリの上限数、ドキュメントアップロード可能な数などに違いがあるため、本格的な利用をおこなう上では、多くの方で有料プランが必要になってくるはずです。また、2025年2月現在ではまだリリースされていませんが、最上位のチームプランでは、GitHubやGoogle認証以外のIdPを利用したシングルサインオン機能の公開が予定されています。まず無料で試してみて、良さそうであればぜひ積極的に検討してみてください。

16）Dify.AI Terms of Service https://dify.ai/terms
17）国境を越えた役務の提供に係る消費税の課税関係について https://www.nta.go.jp/publication/pamph/shohi/cross/01.htm

Difyのプランと料金表。最新の情報はDifyのサイト（https://dify.ai/pricing）で確認してください。

コミュニティ版（セルフホスティング）

　Dify Cloudと違い、コミュニティ版は単一テナント限定で作成・利用ができます。インストール時に管理者用のメールアドレスとパスワードを設定しますが、複数のワークスペースを作成する機能はありません。そのため、チームで使う場合も一つのワークスペース内で共同利用する形となります。組織・部署ごとに完全にデータを分離したいようなケースであれば、ホスティングするサーバーを組織ごと別々に作成し、それぞれでワークスペースもユーザー認証も別々の環境として運用する必要があります。

　認証方式は現在のところ、メールアドレス＋パスワードによるログインのみサポートしています。

　コミュニティ版は利用者自身がサーバー環境（オンプレミスやクラウド上のVM）を自由に準備し、そこにインストールして運用する必要があります。公式にはDocker Composeによる手軽なデプロイ手順から、AWS上にKubernetes環境を構築してhelmでインストール・アップデートをするAWS CDKコードによる手順が提供されており、ソースコードをクローンして自前でビルド・実行することが可能です。

　Dify Cloudは管理者の手間がかからない反面、サービス利用料が発生し、データをDify Cloudに預ける方式ですが、コミュニティ版はソフトウェアの利用料がかからず、データを自分がホスティングする環境に閉じて利用することができます（一部前述のとおり、管理者が明示的にバージョンチェックを実行する場合、Dify Cloudサーバーとの通信が発生します）。その反面、運用管理（アップデート適用やスケーリング、障害対応など）は利用者でやる必要があるので、その分工数が必要になります。Dify環境の構築から、ユーザー数やワークロードの負荷状況に応じて適切にサーバー数のスケーリング調整をしたり、障害発生時に復旧作業をおこなったり、アップデートの頻度の多いソフトウェアのバージョンアップを定期的におこなう負担をよく考慮した上で、どちらが良いか考えるといいでしょう。

▷コミュニティ版を利用する上での注意

　コミュニティ版を利用する上では配布されているライセンスを順守する必要があります。現在、Difyのコミュニティ版は「追加条項付きApache License 2.0」で配布されており、オープンソースではあるが、開発元であるLangGenius社のビジネスに影

響を及ぼさないように一部の権利が留保されています。内容は主に2点です。

1点目は「LangGenius社の許可なくマルチテナントサービス（テナント＝Difyのワークスペース）を提供してはいけない」ことです。これはつまり事実上、Dify Cloudのように複数のユーザーに対してワークスペースを払出して利用するマルチテナントSaaSのサービスを提供できるのはLangGenius社のみであるということを示しており、昨今のBSL論争を勘案した措置であると思われます。オープンソースとして公開しながら、その開発に多大な貢献をしている開発元企業の利益をできるかぎり守る観点からも有益なライセンス条項です。

そして2点目は「Difyのロゴや著作権情報を削除・変更してはならない」ことです。2点目について、DifyのアプリケーションをAPIで呼び出すサービスのバックエンドとして利用する場合は、とくにフロントエンドにロゴや著作権情報を掲載する必要はありません。

また、上記2点以外にも、いくつか留意点があり、コードをコントリビュート（貢献）する開発者は、自分の提供したコードがLangGenius社の商用目的に使われ得ることに許諾し、異議を唱えないことに同意する必要があります。また、このライセンス自体も必要に応じてより厳しくまたは緩やかに変更できる権利をLangGenius社が留保しています。

そして最後に、ライセンス文末に「本プロダクトの画面デザインは意匠特許で保護されている」との記載があります。これはDifyのUIとインタラクションデザインそのものが知的財産権で保護されていることを示しています。Difyの画面レイアウトやデザインを模倣した別製品を作ることは法的に問題となる可能性があるため、注意しましょう。

18） Dify / LISCENCE https://github.com/langgenius/dify/blob/main/LICENSE

以上のように、コミュニティ版の恩恵を享受するためにも、ライセンス条件を正し
く理解し順守することが重要です。

　ここまで、すぐに利用できる SaaS 型の Dify Cloud と、自由度が高いセルフホスティ
ング型のコミュニティ版には一長一短があることがわかりました。

　個人や小規模チームでクラウド版（まずは無料のサンドボックスプラン）をまず試
しに利用し、ある程度使い慣れてから自社要件に合わせてセルフホスト版を導入する
といった使い分けも可能です。

　もちろん、運用の手間やコンプライアンス対応を考慮し、そのまま Dify Cloud の上
位プランを導入することも可能です。

　また、さらに高度なコントロールや完全な自社環境でのデータ保存を実現したい場
合は、後述する Dify Enterprise を導入するのも良いかもしれません。

▷ Dify をセルフホスティングする方法

　Dify をセルフホスティングする場合、以下のドキュメントを参照し、Docker
Compose で構築する方法がもっとも手間が少なく構築できる方法です。手元のパソコ
ンでローカル環境としてセットアップする場合には、例えば macOS であれば最低でも
CPU 2 コア、メモリ 8GB 以上の VM への割り当てが必要とされていますので、メモリ
は最低でも 16GB 以上あるマシンを利用すると良いでしょう。Linux 環境の場合、
Docker 19.03 以降と Docker Compose 1.28 以降がインストールされている必要があり
ます。また、ストレージについては、アップロードファイルやデータ保存用に十分な
空き容量を用意してください。また PostgreSQL データベースと Redis キャッシュ（お
よびベクターデータベース）が動作しますが、Docker 版ではこれらはコンテナ内で自
動起動します。

Dify Community

https://docs.dify.ai/getting-started/install-self-hosted

　ただしこの方法や、もう一方の「ソースコードからデプロイする方法」はいずれも
単一サーバー構成であり、サーバーやデータベース、ストレージの冗長構成などは考
慮されていないため、満たすべき非機能要件が決められている環境においては適切で
はありません。必要な場合は、分散環境上に構築された Kubernetes クラスターの上
でサービスを構成する方法が参考になります。

Dify Enterprise on AWS

https://github.com/langgenius/aws-cdk-for-dify

この手順自体は後述するDify Enterpriseをデプロイする手順ですが、コミュニティ版とEnterpriseの違いはEnterprise用の追加コンテナのあり／なしだけですので、Dockerイメージのpull設定やインストール部分を読み替えて構成することができます。

▶Dify Premium on AWS

Dify PremiumはAWSマーケットプレイス経由で提供されているDifyのAMI（Amazonマシンイメージ）です。ワンクリックでAWSのVPC上にデプロイできることが特徴です。基本的な機能面ではコミュニティ版と同一です。

Dify Premiumではコミュニティ版の機能性にくわえて、プレミアムメールサポートというサポートが受けられます。

AWS上で簡単にセットアップでき、サポートを受けることが可能ということで、Difyのセルフホスティングはしたいが、あまり自信がないとか、わからないことがあったときにサポートを受けたい場合に有効なソリューションです。

デフォルトで入っているDifyのバージョンが最新のバージョンではないので、セットアップガイドに沿って最新版にアップデートしてから利用する必要がある点に注意しましょう。

Dify Premium

https://aws.amazon.com/marketplace/pp/prodview-t22mebxzwjhu6

Dify Enterprise

Difyをセルフホスティングで利用する方式としてコミュニティ版の紹介をしましたが、実はコミュニティ版の機能に加えて、自社内でマルチテナント（ワークスペース）や任意のIdPによるシングルサインオンなどが実現可能なエンタープライズ版が存在します。

Dify Enterpriseは、大企業向けに提供される商用ライセンスです。LangGenius社や日本国内のサービスプロバイダーなどと個別契約を結ぶことで提供され、コミュニティ版にはないいくつかのプレミアム機能が利用可能になります。Dify Enterpriseでは、コミュニティ版で禁止されていたマルチテナント運用やロゴ変更が許可されます。

さらに、テナント内でのユーザー権限もこまかく指定が可能になるため、ユーザーAに対して、メインでDifyアプリを開発するワークスペースを1つ指定して権限を設定し、それ以外のいくつかのワークスペースを読み取り専用の権限で参照可能にするといった制御が可能になります。

また、将来的なロードマップとして、管理者の操作ログの記録といった監査ログ機能も盛り込まれることがアナウンスされており、企業内でのガバナンスのコントロールを担保したい場合に、それらをリアルタイム、あるいは定期的に監査して、不必要で意図しない操作がされていないことを明示的に担保することが可能になります。

▶Dify Enterprise機能

- 高度なチーム管理: Difyプラットフォーム内の「ワークスペース」と「チームメンバー」を柔軟に管理し、管理者はアクセス権とチーム構造を簡単に制御できます。
- 企業レベルのアクセスセキュリティ: 企業内のSSO（シングルサインオン）システムと統合し、安全で信頼性のあるユーザー認証が可能になります。
- ブランド変更が可能: 製品のロゴやブランドを自由に変更し、自社専用のプラットフォームとして利用できます。
- 複数テナントの作成が可能: 複数のワークスペースを作成・管理でき、異なる部署やアクショングループのニーズをこまかくサポートできます。
- モデルの負荷分散機能: 適切なモデルに対して負荷分散を行い、モデルのQPS制限を超えて、より広範囲で柔軟にサービスを提供できます。

▶Dify Enterpriseの入手方法

Dify Enterpriseは、Difyのホームページからの問い合わせ、あるいはDify公式のサービスプロバイダー（パートナー）から入手可能です。完全なコントロールを実現したい場合や、数千人規模で安全に利用したい場合に検討してみてください。

まとめ

　この章では、安全にDifyを活用するために、DifyおよびLangGenius社が提供している仕組みや、会社で利用する上での懸案事項に役立つ情報や、Difyのさまざまな契約オプションの説明をしました。

　ご自身の目的や状況にあったオプションとともに、十分に公開情報を確認した上で、安心してDifyを活用できるように、しっかりと検討をしてみてください。

サンプルのダウンロード方法

本書で扱っている作例は、ダウンロードしてDifyにインポートすることが可能です。アプリやノードの設定を確認したいときやプロンプトをコピーしたいとき、アレンジするときのベースにするときなどにご活用ください。

サンプルをダウンロードする

　サンプルファイルは、著者が管理するGitHubのリポジトリからダウンロードできます。GitHubのアカウントやサインインは不要です。ブラウザーで以下のURLを表示してください。

▶サンプルのダウンロードURL

https://github.com/GenerativeAgents/dify-book

「all.zip」をクリックします。

右上の三点リーダーから「Download」をクリックします。

Difyにアプリをインポートする

ダウンロードしたyml形式のファイルは、Difyのメニューからインポートできます。アプリを作成するときに「最初から作成」ではなく「DSLファイルをインポート」を選択します。

「アプリを作成する」にある「DSLファイルをインポート」をクリックします。

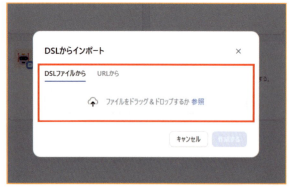

「DSLファイルから」タブのアップロードエリアにファイルをドラッグします。

「作成する」をクリックします。

Difyにアプリがインポートされました。

Difyからアプリをエクスポートする

自分で作成したアプリをymlファイルとしてエクスポートすることも可能です。アプリのアイコンをクリックして「DSLをエクスポート」を選択します。

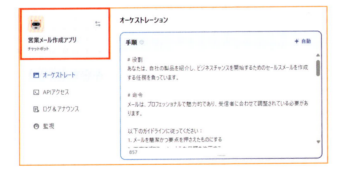

アプリのアイコンをクリックします。

「DSLをエクスポート」をクリックします。

索 引

アルファベット

API	32
ChatGPTとの違い	14
CSVファイル	96
Dify Cloud	208
Dify Enterprise	214
Difyの機能	17
Difyの特徴	12
「IF/ELSE」ノード	139
LINE	191
「LLM」ノード	85
Notionからの同期	153
RAG	22, 152
Slack	176, 179
SYSTEMプロンプト	94
Temperature	92
URLの更新	199
USERプロンプト	94
Webサイトからの同期	153

あ

アカウントの登録	26
アプリのタイプ	17
アプリの公開	51, 198
アプリの作成	43
アプリの停止	199
アプリの複製	55
アプリの編集画面	45

インデックスモード	161
埋め込みモデル	162
エージェント	20
親子ナレッジ	163
音声からテキストへ	66
音声入力	62

か

「開始」ノード	84
会話変数	143
画像	74
「回答」ノード	86
監視	198
機能	66
クラス	129
検索設定	162
公開状態	199
コミュニティ版	211
コンプライアンス	200

さ

サンプルファイル	217
システムモデル設定	37
質問分類器	128
セキュリティ	200
セルフホスティング	211
全文	166

た

段落	166
「知識取得」ノード	158, 169
チャージ	35
チャットフロー	19, 75
チャットボット	18, 43
チャンク設定	161
テキストから音声へ	66
テキストジェネレーター	21
「テキスト抽出ツール」ノード	100
デバッグとプレビュー	50
テンプレートから作成	43
トークン	39

な

ナレッジ	22, 152
ノーコード	12
ノード	83
ノードの追加	126
ノードの名前	136

は

ビジョン	80
ファイルアップロード	78
プラグイン	176
プラン	210
プロンプト	59
分岐	118

変数	47
ホーム画面	29
保存	49

ま

モデルプロバイダー	30

ら

ローコード	12

わ

ワークフロー	21

謝　辞

　ノーコードによるLLMアプリ革命となるこの絶好のタイミングに、本書の執筆の機会をくださった編集の西倫英さん、ありがとうございました。わかりやすい書籍構成から、表紙のデザイン、非エンジニア目線でのアドバイスを的確にいただき大変感謝しております。

　また、原稿レビューを通じて本書における正確性やわかりやすさのためにご指摘・ご指導をいただいた西見公宏さん、林祐太さん、宮田大督さん、小島正義さん、深澤口知絵さん、原田歩実さん、ありがとうございました。

　最後に、編集制作をご担当いただいた有限会社マーリンクレインさんの読みやすい紙面制作と、株式会社tobufuneさんのすばらしい装幀デザインにより、執筆から出版までタイムラグ少なく届けることができました。ありがとうございました。

吉田真吾、清水宏太

吉田真吾（よしだ・しんご）

株式会社ジェネラティブエージェンツ
取締役COO

LangChain Community（JP）、ChatGPT Community（JP）やServerless Community（JP）を主催し、日本におけるAIエージェント開発やサーバーレスコンピューティングの普及を促進。ジェネラティブエージェンツではサービスデザイン部門およびコンサルティング部門を統括。

清水宏太（しみず・こうた）

株式会社ジェネラティブエージェンツ
AI Agent Innovator

LLMの登場に衝撃を受けてLLMアプリケーションエンジニアに転身。ジェネラティブエージェンツではDify Expertサポートを担当。通称、清水れみお。

コーディング不要で毎日の仕事が5倍速くなる！
Dify で作る生成 AI アプリ完全入門

2025 年 4 月 7 日　初版第 1 刷発行
2025 年 4 月 17 日　初版第 2 刷発行

著　者	吉田真吾・清水宏太
発行者	中川ヒロミ
編　集	西　倫英
発　行	株式会社日経 BP
発　売	株式会社日経 BP マーケティング
	〒 105-8308
	東京都港区虎ノ門 4-3-12
URL	https://bookplus.nikkei.com/
装　丁	小口翔平＋神田つぐみ（tobufune）
本文デザイン・DTP	有限会社マーリンクレイン
印刷・製本	TOPPAN クロレ株式会社

本書の無断複写・複製（コピー等）は著作権法上の例外を除き、禁じられています。購入者以外の第三者による電子データ化および電子書籍化は、私的使用を含め一切認められておりません。
本書についての最新情報、訂正、重要なお知らせについては下記 Web ページを開き、書名もしくは ISBN で検索してください。ISBN で検索する際は-（ハイフン）を抜いて入力してください
https://bookplus.nikkei.com/catalog/
本書の運用によって生じる直接的または間接的な損害について、著者ならびに弊社では一切の責任を負いかねます。
本書に記載されている会社名、製品名、サービス名などは、一般に各開発メーカーおよびサービス提供元の登録商標または商標です。なお、本文中では ™、® などのマークを省略しています。
本書に掲載した内容についてのお問い合わせは、下記 Web ページのお問い合わせフォームからお送りください。電話およびファクシミリによるご質問には一切応じておりません。なお、本書の範囲を超えるご質問にはお答えできませんので、あらかじめご了承ください。ご質問の内容によっては、回答に日数を要する場合があります。
https://nkbp.jp/booksQA

ISBN978-4-296-07110-4
©Shingo Yoshida, Kota Shimizu 2025
Printed in Japan